杭州市科协科普专项资助

神奇的数学（一）

金义明 著

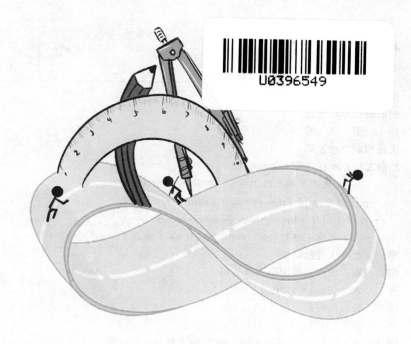

浙江工商大学出版社
ZHEJIANG GONGSHANG UNIVERSITY PRESS

图书在版编目（CIP）数据

神奇的数学．一 / 金义明著．— 杭州：浙江工商
大学出版社，2018.6（2020.2 重印）
ISBN 978-7-5178-2777-1

Ⅰ．①神… Ⅱ．①金… Ⅲ．①数学—普及读物 Ⅳ.
①O1-49

中国版本图书馆 CIP 数据核字（2018）第 121051 号

神奇的数学（一）

金义明 著

责任编辑	唐　红　梁春晓	
封面设计	林朦朦	
插　图	张　婷	
责任印制	包建辉	
出版发行	浙江工商大学出版社	
	（杭州市教工路 198 号　邮政编码 310012）	
	（E-mail：zjgsupress@163.com）	
	（网址：http://www.zjgsupress.com）	
	电话：0571-88904980，88831806（传真）	
排　版	庆春籍研室	
印　刷	杭州宏雅印刷有限公司	
开　本	880mm×1230mm　1/32	
印　张	7.875	
字　数	183 千	
版 印 次	2018 年 6 月第 1 版　2020 年 2 月第 3 次印刷	
书　号	ISBN 978-7-5178-2777-1	
定　价	32.00 元	

前　言

　　数学的重要性毋庸置疑，但还是有很多人认为数学只是一门考试的科目，不清楚数学究竟有什么用，甚至认为除了简单的算术在生活中有用，那些复杂的数学似乎和我们相距很远，在人类的生活中似乎难以寻觅到它们的芳踪。

　　其实，我们生活的这个世界，从自然界到人类社会，从科技到艺术，从经济到军事，方方面面，角角落落，数学无时不在、无处不在，总在不经意间起着作用。数学家华罗庚曾说过，宇宙之大，粒子之微，火箭之速，化工之巧，地球之变，生物之谜，日用之繁，无处不用数学。

　　亲爱的同学，你是否曾经在一个仲夏之夜，站在空旷的田野上，抬头仰望天空，看着满天的繁星，感叹宇宙的浩瀚，但你是否知道，数学家曾用数学公式，捕捉到它们的身影？你是否曾经在一个深秋的早晨，观察路边小草上挂着露珠的蜘蛛网，你是否知道，黏性的蜘蛛丝，会负着水滴的重量，弯曲成一条条精致的悬链线，整整齐齐，晶莹剔透？你也许曾经在一家美术馆，欣赏达·芬奇的名画《抱银貂的女人》，在惊叹大师高超技艺的同时，你是否知道，大师在绘画时苦苦思索的，竟是贵夫人颈上项链的曲线方程是什么？当你看到一幅幅缤纷绚丽的分形图片时，又是否知道，它们竟是用数学公式编出来的？

本丛书从日常生活、自然界、艺术、经济、军事等方面，选取了大量与数学有关的有趣题材，让你在轻松阅读中，受到数学文化的熏陶，开启一扇又一扇的知识大门，激发探索的好奇心和求知欲望，播下一颗颗知识的种子，在你以后的学习生涯中，它们将生根、萌芽、开花、结果，甚至长成参天大树。书中没有繁琐的数学公式，而是一个个生动有趣的小故事，让你在惊讶之后，欲罢不能地去思考，体验思考带来的快乐，在快乐中领略到数学的神奇、数学的美丽、数学的力量……在不知不觉中增进对数学本质的理解，深刻地感受数学、领悟数学。

本书试图通过大量有趣的故事，带领读者从"数学好玩"走向"玩好数学"的境界。有别于其他同类书籍，本书很多故事具有原创性和现代感，读来轻松愉快，不觉晦涩难懂，对青少年有较强的吸引力和感染力。本书将带你走进一个神奇的数学世界，领略数学的无限魅力，遨游数学的海洋。数学王国真是一个奇妙的世界，一些貌似简单的东西总能演绎出意想不到的精彩！如果你是一个有心人，加上爱动脑会想象，你一定会有别人难以领略到的收获。今天，就让我们一起走进这个神奇国度，感受它的无穷魅力吧！

本书是一本数学科普读物，适合小学高年级学生和初中生阅读，也可供其他数学爱好者（包括成人）阅读。

本书在写作过程中参考了大量的数学书籍和文献（书后附有主要的参考文献），谨向这些书籍和文献的作者表示真诚的谢意。另外，本书中所用图片很多是通过互联网找到的，在此谨向这些图片的作者或所有者表示感谢，对无法一一注明图片来源的作者表示歉意。

感谢浙江工商大学出版社鲍观明社长、郑建副总编辑和唐红编辑，他们为此书的出版做了很多工作，可以说，此书的出版是大家一起努力的成果。

感谢我多年的同事卢俊峰教授，他仔细审阅了全部书稿，提出许多中肯的意见，并为本书做了润色。

最后，特别要感谢我的家人的全力支持，特别是我的妻子，没有她的鼓励和支持，就不会有本书。

由于本书的内容涉及面较广，限于本人的能力，书中疏漏或不足之处在所难免，真诚希望得到广大读者朋友的批评指正，并欢迎大家通过我的电子邮箱 jym_tjxy@126.com 与我联系。

金义明
2017 年 12 月于杭州

目录

生活中的数学

1

生活中的数学

知识就是披萨

　　小张去加拿大旅游，中午和朋友一起在景点餐厅吃披萨，点了一个 9 吋（直径）的披萨，等了一会儿，服务员客气地端来两份 5 吋的披萨，并道歉说，9 吋的披萨没有了，我们给您两个 5 吋的，多送您一吋吧。

　　小张马上觉得不对劲，他客气地让服务员把老板请来，向老板普及了一下求圆面积的公式：$S = \pi \times \left(\dfrac{d}{2}\right)^2$。结果一算，9 吋的面积是 63.62 平方吋，而 5 吋的面积是 19.63 平方吋，所以两个 5 吋的面积加起来是 39.26 平方吋。

　　小张告诉老板，即使 3 个 5 吋的面积加起来也只有 58.9 平方吋，你们给我 3 个 5 吋我都还亏呢，怎么还说多送我 1 吋呢？

　　老板简直听愣了，好像是这么回事！老板很无语，最后给了小张 4 个 5 吋的披萨，并且表示：中国人太厉害了！

　　我们常说"知识就是力量"，现在可以说"知识就是披萨"了。

　　其实小张的算法可以改进：9 是 5 的 1.8 倍，面积和直径平方成正比，所以 9^2 是 5^2 的 $1.8^2 = 3.24$ 倍，换 3 个 5 吋还是亏了，给 4 个就赚了。

　　这个故事反映出一些深层次的问题，值得我们思考。

　　首先是度量问题。有些物体用长度来度量，比如你去买网线，规格就是长度为 1m，2m 等，主要是因为物体形状是线状的。但如果你是买手机或电视机，屏幕的大小是怎么来度量的呢？大家知道，屏幕一般是矩形形状的，最完整的度量应该是长和宽，但由于设计时长和宽的比例比较固定，一般接近黄金比，所以用对角线的长度来度量屏幕的大小。

如果度量一个房间的大小，即使是矩形形状的，因为房间的长和宽比例不固定，用对角线度量就不合适，一般要用面积来度量，既精确，又方便相加。

披萨饼的形状一般是圆形的，所以用直径来度量大小比较方便。

问题是，吃披萨是吃"面积"，不是吃"直径"或"周长"。

其实吃披萨是吃"体积"，还有一个厚度没有考虑，上面的算法都是假定厚度相同，如果直径大的厚度也大，那就要重新计算了。

如果是买西瓜，大西瓜的直径是小西瓜的两倍，那一个大西瓜抵几个小西瓜呢？8个！因为球体的体积与直径的立方成正比。还有，瓜皮怎么算呢？球体的表面积与直径的平方成正比，所以一个大西瓜的瓜皮面积等于4个小西瓜的瓜皮面积。

那个老板的算法是典型的"线性思维"谬误。

所谓线性思维，是一种直线的、单向的、单维的、缺乏变化的思维方式。

从前有一个笑话，说的是一个财主家的孩子学习认字，先生教了一个"一"，是一横，又教了一个"二"，是两横，再教了一个"三"，是三横，于是学生说，先生不用再教，我知道了，一"百"就是一百横，一"千"就是一千横，一"万"就是一万横。

这显然是对线性思维的一种嘲笑了。可是别急着嘲笑，线性思维可能是我们每个人都难免的。

认知心理学研究表明，我们的大脑倾向于简单的直线。很多时候这种思维方式没有什么问题：1 个书架可以放 50 本书，2 个书架放 100 本，3 个就可以放 150 本；1 杯咖啡两美元，5 杯咖啡 10 美元，10 杯咖啡 20 美元，15 杯咖啡 30 美元。卖 1 件商品赚 10 元，卖 10 件商品赚 100 元，卖 10000 件商品就赚 10 万元。

"线性"的主要特征就是"可加性"，就是可以做加法。比如，两根长度分别为 2 米和 3 米的铜管，接起来就是一根 5 米的铜管；而把两个披萨饼的直径加起来，就没有什么意义。手机屏幕大小是用对角线度量的，相加也没有意义，而房间是用面积度量的，就可以相加。

所谓非线性思维，则是相互连接的、非平面、立体化、无中心、无边缘的网状结构，类似人的大脑神经和血管组织。人脑很难理解非线性关系。

牛顿是现代科学之父，牛顿三大定律开启了现代科学之门，可是牛顿三大定律其实就是线性思维（万有引力定律非线性），而牛顿的绝对时空观属于线性思维，是人类的常识性时空认知，爱因斯坦的相对论属于非线性时空，人类至今很难理解。

因此，线性思维也不是一无是处，当然我们也需要明了其局限性，一不小心，就可能会犯错误。

即使是吃披萨这样的生活小事，也隐藏着数学学问啊。

煎饼的学问

北京公务员考试中有这样一个问题：用一个饼铛烙煎饼，每次饼铛上最多只能同时放两个煎饼，煎熟一个煎饼需要 2 分钟时间，其中每煎熟一面需要 1 分钟。如果需要煎熟 15 个煎饼，问至少需要多少分钟？

张婷 绘

有人这样想，每个煎饼有两面需要煎熟，15 个煎饼共计 30 个面，因此至少需要 30 分钟才能煎熟，而饼铛每次可以煎两个面，故至少需要 15 分钟。

再仔细一想，不对啊，前面煎 14 个饼花费 14 分钟，这没有问题，但最后一个饼要花费 2 分钟，总共就要花费 16 分钟！

但答案确实是 15 分钟，这又是如何做到的呢？方法如下：

前 12 个饼两个同时煎，花费 12 分钟；

最后 3 个饼记为 A、B、C，煎饼顺序为 A 正、B 正，A 反、C 正，B 反、C 反，共计 3 分钟；

合计 15 分钟完成全部煎熟过程！

以后你有机会去吃烧烤，这个方法也许就能派上用场哦。

数学中有一个分支叫"运筹学"，该学科是应用数学和形式科学的跨领域研究，利用统计学、数学模型和算法等方法，去寻找复杂问题中的最佳或近似最佳的解答。运筹学经常用于解决现实生活中的复杂问题，特别是改善或优化现有系统效率的问题。

打水问题

以前大学里开水都是定时供应的，比如每天下午 5：00 至 5：30 之间，此时开水房的拥塞程度是可想而知的。偏偏这种时候还有一些同学喜欢一个人占用好几个水龙头，不由得让人怒火中烧。大家都想在不违反排队顺序的前提下尽可能早地接触水龙头，因此在高峰时期霸占多个水龙头的人就算不遭到语言的谴责也会遭到目光的谴责。

张婷 绘

现在假设有 2 个水龙头，10 个同学来打水，每个人拎着 2 个水壶，每打一壶水需要 1 分钟。

方法 A：每次有两个人在打水，其余人等待，这样，将 10 个人的水壶打满，总共的等待时间是：

2+2+4+4+6+6+8+8+10+10 = 60（分钟）

方法 B：每次分配水龙头时都优先满足最前面的人，这样，当有两人等待时，第一个人先用两个龙头，等他打完了第二个人再用。这种方法总的等待时间是：

1+2+3+4+5+6+7+8+9+10=55（分钟）

结果出乎意料，一人占两个水龙头这个遭人谴责的方法，反而是一个更合理的方案。

即使在"打开水"这样的日常小事中也有数学问题，所以数学往往在不知不觉中起作用，而直觉有时并不可靠。

小贩的销售策略

街头有一个小贩在卖苹果,他的销售策略如下:购买苹果如果不超过 5 斤,则每斤 10 元,若超过 5 斤,则每斤 8 元。

看上去小贩的销售策略挺正常,是很好的促销手段。但仔细研究就会发现一个问题:一个顾客购买 5 斤,付钱 50 元,另一顾客购买 6 斤,付钱 48 元,买得多的人反而付钱少!

张婷 绘

产生这种不合理现象的数学解释就是小贩的销售策略对应的函数，在 $x = 5$ 处产生了"跳跃"，也就是购买量刚过 5 斤的时候，自变量的"微小"变化，引起了函数值的"巨大"变化，数学上称之为"不连续"或"间断"。

知道了这个窍门，碰到这种情况，你大概不会再去买 5 斤了吧？

消除这种不合理现象的方法之一是用"分段计价"法。比如，不超过 5 斤的部分每斤 10 元，超过 5 斤的部分每斤 8 元。当然，小贩不会这么计价，但现实生活中有很多问题必须这样处理，例如，个人所得税的计算。

从 2011 年 9 月 1 日起，我国的个税起征点调整为 3500 元，超过部分按如下累进税率计算：

0~1500 元，3%

1500~4500 元，10%

4500~9000 元，20%

9000~35000 元，25%

......

如果采用统一税率，就会产生收入增加 1 元，税费增加很多的不合理现象。

还有，家家户户的日常生活都离不开的电、煤气和自来水等消费品的计价，现在都采用了分段计价的方法，比以前的统一价格显得更为合理。

你能找到身边的分段计价的例子吗？

爬楼梯问题

有一段楼梯有 10 级台阶，规定每一步只能跨一级或两级，要登上第十级台阶有几种不同的走法？

登上第一级台阶有一种登法；登上两级台阶，有两种登法。

从第三个台阶开始，因为问题限定每次只能跨一级或者两级，所以，要跨上第 n 级，可以从第 $(n-1)$ 级或者第 $(n-2)$ 级踏上去。

张婷 绘

设登上第 n 个台阶有 a_n 种方法，考虑最后一步：若最后一步只迈一级台阶，则前（$n-1$）个台阶有 a_{n-1} 种方法；若最后一步迈两级台阶，则前（$n-2$）个台阶有 a_{n-2} 种不同的方法。由加法原理得：

$$a_n = a_{n-1} + a_{n-2} \quad (n \geq 3)$$

这个规律，刚好与著名的"斐波那契数列"的递推公式一致，所以登上第一个台阶、第二个台阶、第三个台阶、……、第十个台阶的走法数分别为：

　　1，2，3，5，8，13，21，34，55，89

所以，登上第十个台阶的走法一共有 89 种。

以上算法在数学中被称为"递归算法"，是一种通过重复将问题分解为同类的子问题而解决问题的方法，它在计算机编程中有重要应用。

斐波那契是 12 世纪欧洲最重要的数学家之一，出生于意大利的比萨。他在其著作《算盘书》中有一道非常出名而又十分有趣的问题，这个问题是以兔子繁殖为背景设计的，因而被人们称为"兔子问题"，问题的内容如下：

"有人想知道一年内一对兔子可繁殖成多少对，便筑了一道围墙将一对兔子关在里面。已知一对兔子每一个月可以生一对小兔，而一对小兔生下后的第二个月就又开始生小兔。假如一年内兔子没有死亡，一对兔子一年内可繁殖成几对？"

从问题的叙述中可以看出，开始如果是 1 对小兔，一个月后变成了 1 对大兔，两个月后变成 2 对兔子（1 对小兔，1 对大兔），三个月后变成 3 对兔子（1 对小兔，2 对大兔），四个月后变成 5 对兔子（2 对小兔，3 对大兔），五个月后变成 8 对兔子（3 对小兔，5 对大兔）……有什么规律呢？我们可以多写出几项

来观察,

1, 1, 2, 3, 5, 8, 13, 21, 34, 55, 89, 144, ……

所以,如果没有死亡,那么一对刚出生的兔子,一年可以繁殖成 144 对兔子。

不难发现,从第 3 项起,每一项都等于与它相邻的前两项之和。

兔子数列是一个非常神奇的数列,应用的领域非常广泛,甚至在日常生活中也偶尔会出乎意料地出现它的身影。它包含着许多的奥秘,远比等差数列与等比数列的内涵丰富,更加令人陶醉。后面还有很多故事与它有关。

拓展思维:

1. 如果限定每次最多能跨 3 个台阶呢?

2. 一枚均匀硬币掷 10 次,问:不连续出现正面的可能情形共有多少种?

分牛奶问题

假设你有容量为 8 千克、5 千克、3 千克的 3 个桶，8 千克的桶里装满牛奶，其余两个是空桶。你能只用这 3 个桶把牛奶平均分成两份吗？

下面给出一个解答：

8	5	3
8	0	0
3	5	0
3	2	3
6	2	0
6	0	2
1	5	2
1	4	3
4	4	0

据说法国著名数学家泊松年轻时因为做了这个题而对数学产生了浓厚的兴趣，你呢？

拓展思维：

1. 如果你有无穷多的水，一个 3L 的桶，一个 5L 的桶，两只桶形状上下都不均匀，问你如何才能准确称出 4L 的水？

2. 打酒难题：据说有人给酒坊的老板娘出了一个难题，此人明明知道店里只有两个打酒的勺子，分别能打 7 两和 11 两酒，却硬要老板娘卖给他 2 两酒。聪明的老板娘毫不含糊，用这两个勺子在酒缸里打酒，并倒来倒去，居然量出了 2 两酒，善于思考的你，能够做到吗？

张婷 绘

平均数问题

假设有一辆汽车以速度 30 千米 / 小时上山，再以速度 60 千米 / 小时下山，请问平均时速是多少？如果你认为平均速度就是 30 和 60 的平均值，即 45 千米 / 小时，那就是犯了想当然的错误，因为平均速度并不是两段路程的速度的算术平均值，这里要用到一个概念——**调和平均**。

正确解法：设距离为 S，则平均速度为

$$\bar{v} = \frac{2S}{\dfrac{S}{30} + \dfrac{S}{60}} = \frac{2}{\dfrac{1}{30} + \dfrac{1}{60}} = \frac{2 \times 30 \times 60}{30 + 60} = 40 \text{（千米 / 小时）}$$

两个正数 a，b 的调和平均值定义为：$H(a, b) = \dfrac{2}{\dfrac{1}{a} + \dfrac{1}{b}}$

另外再举一些需要用到调和平均数的例子。

例 1　某人购买某种蔬菜，上午、下午各买 10 元。上午价格为 5 元 / 斤，下午价格为 3 元 / 斤，问其平均购买价格是多少？

解答：$\dfrac{10 + 10}{\dfrac{10}{5} + \dfrac{10}{3}} = \dfrac{2}{\dfrac{1}{5} + \dfrac{1}{3}} = \dfrac{2 \times 5 \times 3}{5 + 3} = 3.75 \text{（元 / 斤）} < 4 \text{（元 / 斤）}$。

例 2　某商店购进甲、乙、丙 3 种不同的糖，所花费用相等，已知甲、乙、丙 3 种糖每千克费用分别为 4.4 元、6 元、6.6 元。如果把这 3 种糖混在一起成为什锦糖，那么这种什锦糖每千克成本多少元？

解答：假设购买每种糖所用的费用均为"1"，则混合什锦糖的单价应为

$$\frac{1+1+1}{\dfrac{1}{4.4}+\dfrac{1}{6}+\dfrac{1}{6.6}}=5.5\,(元/千克)$$

可以证明，两个正数的调和平均数不会超过它们的算术平均数。下面再说一个有趣的应用实例。

例3 有两个大米经销商，每次在同一大米生产基地进米。商人甲每次进米 1000 千克，商人乙每次进 1000 元的米。如果每次进米价格不同，那么哪种方式更经济？

解答：要知哪种方式更经济，只要比较两个人平均每千克米所花的钱即可。

甲的平均价格是算术平均，乙的平均价格是调和平均，所以乙的策略更优。

除了算术平均和调和平均外，数学中还有一个平均数，叫**几何平均**。

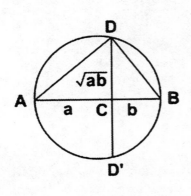

几何平均数

$\sqrt{ab}$ 称为正数 a,b 的几何平均数，这体现了一个几何关系，即过一个圆的直径上任意一点作垂线，直径被分开的两部分为 a,b，那么那个垂线在圆内的一半长度就是 $\sqrt{ab}$，这就是它的几何意义，也是称之为几何平均数的原因。

如果有 n 个正数，则它们的几何平均数是指它们连乘积

的 n 次方根 $\sqrt[n]{x_1 x_2 x_3 \ldots x_n}$。

几何平均数主要适用于对比率数据的平均，并主要用于计算数据平均增长（变化）率。

例 4 假定某地储蓄年利率（按复利计算）：5% 持续 1.5 年，3% 持续 2.5 年，2.2% 持续 1 年。求 5 年内该地的平均储蓄年利率。

解答： $\sqrt[1.5+2.5+1]{1.05^{1.5} \times 1.03^{2.5} \times 1.022^{1}} \times 100\% = 103.43\%$

所以，该地平均储蓄年利率为 3.43%。

可以证明，几何平均数不小于调和平均数，又不大于算术平均数，即：

$$\frac{2}{\dfrac{1}{a}+\dfrac{1}{b}} \leqslant \sqrt{ab} \leqslant \frac{a+b}{2}$$

加薪问题

数学思维的特点是准确。

在美国有一道广为流传的数学题目：老板给你两种加工资的方案。第一种方案是每年年末（12 月底）加薪一次，每次所加的工资数是在上次所加工资数的基础上再增加 1000 元；第二种方案是每半年（6 月底和 12 月底）加薪一次，每次所加的工资数是在上次所加工资数的基础上再增加 300 元，请选择一种。

一般不擅长数学的人，很容易选择前者：因为一年加 1000 元总比两个半年共加 900 元要多。

仔细算一下，时间稍长，其实第二种方案更有利。

例如，在第二年的年末，

张婷　绘

依第一种方案可以加得 1000 ＋ 2000 ＝ 3000 元。

而第二种方案在第一年加得 300 ＋ 600 ＝ 900 元，第二年加得 900 ＋ 1200 ＝ 2100 元，总数也是 3000 元。

但到第三年，第一方案可得 1000 ＋ 2000 ＋ 3000 ＝ 6000 元，而第二方案则为 300 ＋ 600 ＋ 900 ＋ 1200 ＋ 1500 ＋ 1800

＝ 6300 元，比第一方案多了 300 元。

到第四年、第五年会更多。因此，你若打算在该公司干三年以上，则应选择第二方案。

如果第二方案中的每半年加 300 元改成 200 元如何？对不起，那就永远赶不上第一种方案得到的加薪数了。不信请做做看！

这是一道等差数列的好题目，中学生应该都会做。这一问题还可以做更细致的分析和推广。可惜的是，我们中学的数学教学还不大关注这类身边的数学。其实，学数学，就是要使人聪明，使人的思维更加缜密，并能解决我们身边的问题。

用列表的方式进行分析，是数学思维的第一步：

年份	方案一	累计	方案二		累计
1	1000	1000	300	900	900
			600		
2	2000	3000	900	2100	3000
			1200		
3	3000	6000	1500	3300	6300
			1800		
4	4000	10000	2100	4500	10800
			2400		

列表显得更加简洁，思维也更有条理。

用公式进行分析，是数学思维的第二步：

$$S_1 = \frac{1}{2}n(n+1) \times 1000 = 500(n^2 + n)$$

$$S_2 = \frac{1}{2} \cdot 2n(2n+1) \times 300 = 300(2n^2 + n)$$

$$S_2 - S_1 = 100(6n^2 + 3n - 5n^2 - 5n) = 100(n^2 - 2n)$$
$$= 100n(n-2)，\quad n \geqslant 2$$

所以第三年开始，方案二就超过方案一了。

若每半年改成加 200 元：$S_2 = 200(2n^2 + n)$，则

$$S_2 - S_1 = 100(4n^2 + 2n - 5n^2 - 5n) = 100(-n^2 - 3n) < 0，$$

所以如果每半年加 200 元，就永远赶不上第一种方案了。

把变量符号化，是重要的数学思维，它使推理显得更加严谨，更为一般化。

拓展思维：

根据上述条件，试问：

1. 如果你将在该公司干 10 年，你会选择哪一种加工资的方案？（说明理由）

2. 如果第二种方案中的每半年加 300 元改成每半年加 a 元，那么 a 在什么范围内取值时，选择第二种方案总是比选择第一种方案多加薪？

揭开身份证号码之谜

身份证是每一个公民的重要证件。1985 年我国开始实行居民身份证制度，当时签发的身份证数字编号是 15 位。1999 年 7 月 1 日实施了新的标准，身份证的数字编号升级为 18 位。下面先对新身份证号的数字组成做一下介绍。

1~6 位为地区代码，其中 1、2 位数为各省级政府的代码，3、4 位数为地、市级政府的代码，5、6 位数为县、区级政府代码；7~14 位为出生年、月、日，分别用 4 位、2 位、2 位数字表示；15~17 位为顺序号，表示同一地址码所标识的区域范围内同年同月同日出生的人员编定的顺序号，其中第 17 位表示性别：奇数表示男性，偶数表示女性。

那么第 18 位是干什么用的呢？

身份证第 18 位是校验码。校验码是按一定的规则产生的，用于校验身份证真伪：如果你改变了前面某个数字而后面的校验码不相应改变，就会被计算软件判断为非法身份证号码。

下面说明它的计算方法。

公式为：$\sum (A_i \times W_i)(\bmod 11)$（这里 $\sum$ 表示求和，（mod 11）表示除以 11 的余数）

i——表示号码字符从右至左包括校验码在内的位置序号；

A_i——表示第 i 位置上的号码字符值；

W_i——表示第 i 位置上的加权因子（其值已定），其数值依据公式 $W_i = 2^{i-1}(\bmod 11)$ 计算得出，其各位对应的值依次为：7 9 10 5 8 4 2 1 6 3 7 9 10 5 8 4 2。

例如：某男性公民身份号码为 34052419800101001V（V 为校验码），对前 17 位数字本体码首先按照上面公式加权求和计算：

$\sum$（Ai × Wi）=（21 + 36 + 0 + 25 + 16 + 16 + 2 + 9 + 48 + 0 + 0 + 9 + 0 + 5 + 0 + 0 + 2）= 189

$\sum$（Ai × Wi）（mod 11）= 189（mod 11）= 2

然后根据计算的结果，从下面的表中查出相应的校验码。

$\sum$（Ai × Wi）（mod 11）	0	1	2	3	4	5	6	7	8	9	10
校验码字符值 V	1	0	X	9	8	7	6	5	4	3	2

根据上表，查出计算结果为 2 的校验码为 X，所以该人员的公民身份号码应该为 34052419800101001X。

关于 18 位身份证号码尾数是"X"的一种解释：因为按照上面的规则，校验码有 11 个，而不是 10 个，所以不能用 0~9 表示。因为如果用 10 做尾号，那么此人的身份证就变成了 19 位，而 19 位的号码违反了国家标准。X 是罗马数字的 10，增加 X 作为校验码，则校验码就有 11 个了，可以保证公民的身份证符合国家标准。

关于校验码的使用，下面再介绍两个类似的例子。

书号的构成

书号即 ISBN，最直观的表现就是书籍封底的条形码和那一串数字，是由中华人民共和国新闻出版总署分配给各个出版社的。

ISBN 978-988-18455-2-8

图书条形码

国内的书号在书的第二页（一般在扉页的反面），还会配有 CIP 数据，该页也称为版权页。这两者是国内出版图书不可缺少的两个必要数据。如果没有，就成了内部资料，内部资料是不允许定价，也不允许销售的。

通过书号可以快捷、有效地识别书籍的出版地、出版社、书名、版本及装订方法。出版社、书商及图书馆普遍都使用此系统，作为处理书籍订单及盘点存货之用。

以前，书号由 10 个数码组成长短不一的四部分，分别是：

国别语种识别代号：用以识别出版社所属的国家、语言、地域等。

出版社识别代号：识别某一出版社。

书名版别代号：由出版社自行为新出版的书种或版本编配。

校验码：用以核对书号是否正确。

每部分由连字号或空位分隔。

从 2007 年 1 月 1 日起，国际标准书号由 10 位增至 13 位数字。现有的 10 位书号须在前面加上"978"并重新计算校验码，以转换为新的 13 位格式。各出版社现有的书号须采用或转换为 13 位格式，书号的最后一位也是校验码。

下面介绍一下校验码的计算方法。

一、10 位 ISBN 号码校验码的计算方法

假设某 ISBN 号码前 9 位是：7-309-04547；

计算加权和 S：S $= 7 \times 10 + 3 \times 9 + 0 \times 8 + 9 \times 7 + 0 \times 6 + 4 \times 5 + 5 \times 4 + 4 \times 3 + 7 \times 2 = 226$；

计算 S ÷ 11 的余数 M：M $= 226$（mod 11）$= 6$；

计算 11 − M 的差 N：N $= 11 - 6 = 5$

如果 N $= 10$，校验码是字母"X"；

如果 N $= 11$，校验码是数字"0"；

如果 N 为其他数字，校验码是数字 N。

所以，本书的校验码是 5，即书号为 7–309–04547–5。

二、13 位 ISBN 号码校验码的计算方法

13 位 ISBN 的最后一位校验码的加权算法与 10 位 ISBN 的算法不同。具体算法是：用 1 分别乘 ISBN 的前 12 位中的奇数位，用 3 乘以偶数位，乘积之和以 10 为模，用 10 减去此模，即可得到校验位的值，其值范围应该为 0~9。

例：假设某 13 位 ISBN 号码前 13 位是：987–7–309–04547，位置为 123–4–567–89（10）（11）（12）

计算加权和 S：S $= 9 \times 1 + 8 \times 3 + 7 \times 1 + 7 \times 3 + 3 \times 1 + 0 \times 3 + 9 \times 1 + 0 \times 3 + 4 \times 1 + 5 \times 3 + 4 \times 1 + 7 \times 3 = 117$；

计算 S ÷ 10 的余数 M：M $= 117$ (mod 10) $= 7$；

计算 10 − M 的差 N：N $= 10 - 7 = 3$（如果 10 − M 的值为 10 则校验码取 0）。

所以，本书的 13 位 ISBN 的校验码是 3。

有些盗版书，书号是随意编造的，一查校验码就原形毕露了。

条形码中的校验码

商品条形码

如果你进过超市买过东西，相信你对条形码不会陌生。在超市的每件商品上，都贴有或印有一种黑白相间、粗细间隔不等的条纹，下面一般还附有一排数字，这就是条形码。条形码与我们的生活息息相关。

你可以想象一下，如果没有条形码，当商品的数量很多时（如大型超市、大卖场等），怎么样一件一件地去记录商品的价格？尤其是许多商品还有不同品牌规格，就更难确定价格了，但只要商品附上条形码就可以轻易地区分开来，商品条形码相当于商品的"身份证"，只要收银员事先把各个物品的条形码及其价格输入电脑，下次只要扫描一下条形码就可以立即看到物品的价格了。

小小的条形码怎么会有如此大的作用呢？其实只要你仔细观察就不难发现，每件商品上的条形码都是不一样的，但它的组成结构基本相同。商品包装上的条形码具有国际通用性，大部分是由 13 个数字组成的。

前缀码俗称"国家或地区代码"，也就是前 3 位显示该商品的出产地区（国家），接着的 4 位数字表示所属厂家的商号，这是由所在国家（或地区）的编码机构统一编配给所申请的商号的。再接下来的 5 位数是个别货品号码，由厂家先行将产品分门别类，再逐一编码，厂家一共可对 10 万项货品进行编码。最后一个数字是校验码，以方便扫描器核对整个编码，避免误读。

为了保证条形码的读取准确，我们用商品最后一位校验码来校验商品的条形码中前 12 个数字代码。当条形码的数字输入错误时，就会和校验码不一致，这样就能立即发现错误，从而避免不必要的损失出现。所以我们要了解校验码的计算方法。

条形码校验码的计算方法：

首先，把条形码从右往左依次编序号为"1，2，3，4……"从序号 2 开始把所有偶数序号位上的数相加求和，用求出的和乘 3，再从序号 3 开始把所有奇数序号上的数相加求和，用求出的和加上刚才偶数序号上的数，然后得出和。再用 10 减去这个和的个位数，就得出校验码。

举个例子：

某条形码为：977167121601X（X 为校验码）。

1. $1+6+2+7+1+7=24$

2. $24 \times 3=72$

3. $0+1+1+6+7+9=24$

4. $72+24=96$

5. $10-6=4$

所以最后校验码 X=4。此条形码为 9771671216014。

如果第 4 步个位为 0，则第 5 步的结果为 10，此时校验码取 0。

同生日问题

关于生日问题，有几个很有趣的故事。

有一次，美国数学家伯格米尼去观看世界杯足球赛，他在看台上随意挑选了 25 名观众，请他们报出自己的生日，结果竟然有两个人的生日是相同的，这使在场的球迷们感到很吃惊。

还有一个人也做了一次类似的实验。一天他与一群高级军官用餐，大约有 20 人。席间，大家天南海北地闲聊。慢慢地，话题转到生日上来，他说："我们来打个赌。我们在场的人中间至少有两个人的生日相同。"

"赌输了，罚酒三杯！"在场的军官们都很感兴趣。

"行！"

在场的各人把生日一一报出，结果没有生日恰巧相同的。

"快！你可得罚酒啊！"

突然，一个女佣人在门口说："先生，我的生日正巧与那边的将军一样。"大家傻了似的望着女佣。那个人趁机赖掉了三杯罚酒。

《红楼梦》第 62 回中有这样一段话：

探春笑道："倒有些意思。一年十二个月，月月有几个生日。人多了，就这样巧，也有三个一日的，两个一日的……过了灯节，就是大太太和宝姐姐，他们娘儿两个遇的巧。"宝玉又在旁边补充，一面笑指袭人："二月十二日是林姑娘的生日，他和林妹妹是一日，所以他记得。"

那么，在一群人当中，至少有两个人生日相同的可能性到底有多大呢？故事中的场景是一种必然还是一种偶然呢？经过计算，50 个人中有人生日相同的概率约为 97%，这个结论可能出乎你的意料。这个事例说明，直觉有时候是不可靠的。

计算结果告诉我们：如果人数不少于 23 人，那么这种可能性就会达到 50%。下面是一张说明"几个人中至少有两人生日相同"的概率大小表，你看了一定会很吃惊吧？

n	P	N	P	n	P
20	0.4114	34	0.7953	48	0.9606
21	0.4437	35	0.8144	49	0.9658
22	0.4757	36	0.8322	50	**0.9704**
23	**0.5073**	37	0.8487	51	0.9744
24	0.5383	38	0.8641	52	0.9780
25	0.5687	39	0.8781	53	0.9811
26	0.5982	40	0.8912	54	0.9839
27	0.6269	41	0.9032	55	0.9863
28	0.6545	42	0.9140	56	0.9883
29	0.6810	43	0.9239	57	0.9901
30	0.7305	44	0.9329	58	0.9917
31	0.7305	45	0.9410	59	0.9930
32	0.7533	46	0.9483	60	0.9941
33	0.7750	47	0.9548		

没有学过概率论的人，常常凭直觉去估计一个偶然事件发生的概率的大小。但是，直觉常常会欺骗我们。有人说在数学的各个分支里，没有哪一个分支像概率论那样有那么多的例子说明直觉的不可靠。这样的例子还有很多。不过，为了揭露直觉的错误，要计算出正确的结果，常常需要用到不少专门知识，这里就不向少年朋友们介绍了。

理解生日悖论的关键在于领会相同生日的搭配可以是相当多的。如在前面所提到的例子，23 个人可以产生 23 × 22/2 = 253 种不同的搭配，而这每一种搭配都有成功相等的可能。从这样的角度看，在 253 种搭配中产生一对成功的配对也并不是那样的不可思议。

换一个角度，如果你进入了一个有 22 个人的房间，房间里的人中会和你有相同生日的概率就变得非常低了。原因是这时候只能产生 22 种不同的搭配。生日问题实际上是在问任意 23 个人中会有两人生日相同的概率是多少，两者大相径庭。

有趣的本福特法则

随便打开一张报纸，会看到上面有大堆各种各样含义的数字。现在，你可以猜一下，这些毫不相干的数字中，以1打头的数大概占多少比例？以9打头的又占多少比例？

非常自然的猜测是：报纸上所出现的数字，其首位数是均匀分布的。换句话说，随便从报纸上取一个数，1打头的数与9打头的数应该差不多。

然而，如果做一下调查统计，你就会惊讶地发现：从一页报纸上任意取出的数字，1打头的数要比别的数打头的多得多，而9打头的数则非常少见。

数的这种奇特分布的发现归功于美国通用电器公司的一位工程师弗兰克·本福特。相传，本福特最初无意中发现，对数表的前面几页往往被翻得很破旧，而后面的磨损则通常很小。这是怎么回事呢？他猜想，人们使用对数表时，查阅以1或2开头的数据的频率比查阅以8或9开头的数据的频率高很多。之后，本福特用来自20个不同领域，包含2万个实际数据的资料进一步验证了自己的结论。他的发现写在1938年发表的《异常数字法则》一文中，并引起广泛注意，被人们称为本福特法则。这一法则，用准确的数学语言可表述为：以N打头的数据，其出现的概率值是$\lg(N+1)-\lg N=\lg(1+1/N)$，也就是说，1打头的概率等于$\lg 2$，约为0.301，而9打头的概率等于$\lg 10/9$，约为0.046。

你或许仍然会感到疑惑：既然数据是任意的，第一位有效数字是1的概率为什么会这么高？而第一位有效数字是9的概率又为什么会这么低？简而言之，本福特法则何以起作用？

要证明本福特法则，是有些棘手的。我们以 $N=1$ 为例，通过下面的办法来大致说明其机理。

设想你从袋子里随机摸数，假定袋子里只有 1，2，3，4，那么摸到 1 的概率为 1/4；如果有 1~9，则摸到 1 的概率降为 1/9；若数增为 10，有两个是 1 开头的，于是摸到 1 打头的概率一跃成为 2/10；数从 11 递增到 19 时，摸到 1 打头的概率不断递增，直到 11/19，为 58%；而当数增加到 20，30……或者更多时，摸到 1 打头的概率又会再次递减；当数增为 99 时，摸到 1 打头的概率将降到 11/99，或 11% 左右；可是当数超过 100 时，其概率又将再次跃升，当数达到 199 时，概率是 111/199，再次超过了 50%。随着数的递增，首位数字是 1 的概率在 11% 和 58% 之间作摆动。因此其"平均"概率一定是在这两个数据之间的某处，这正是本福特法则所预言的。

本福特法则几乎在任何场合都适用，只要数据的样本足够大，而且涉及的数字不受某种规则制约，或不被限制在很小的范围内。例如，电话号码是不服从本福特法则的，因为他们被限定为 7 位数或 8 位数。成年男性的身高也不适合这种法则，因为成年男性的身高几乎都在 150~180cm 之间。只要把这些例外情况记在心中，本福特法则就不会用错。

有趣的是，一个名叫马克·尼格林尼的会计师根据这一法则发展了一套方法，用来检查账目的真实性，这种方法被称为"尼格林尼求和法"。真实的数据应该符合本福特法则，如果有人对账本做过手脚，那么作假者往往会搅乱数字的自然分布模式，从而留下蛛丝马迹，"尼格林尼求和法"就可以从中发现疑点。事实上，这种极为简便易行的方法已经被许多会计师用来识别欺诈行为了。比如当年著名的安然公司造假案，他们的账本就没有满足本福特定律。

本福特法则还可用于发现选举投票欺诈，如 2004 年美国总统选举中佛罗里达州的投票欺诈和 2006 年墨西哥投票欺诈。

通过数字的分布，竟能揭露出潜在的欺诈行为，这正是数学的神奇之处。

苹果手机与黄金分割

0.618 或者 1.618，这个数字是否让你觉得似曾相识？这其实是一个数学比例关系，即把一条线段分为两部分，如果短段与长段之比恰恰等于长段与整条线之比，则其数值比为 1：1.618 或 0.618：1。

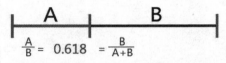

部分和部分的比值等于部分和整体的比值

这就是黄金分割律，由公元前六世纪古希腊数学家毕达哥拉斯所发现，后来古希腊美学家柏拉图将此称为黄金分割。黄金分割在未发现之前，在客观世界中早就存在的，只是当人们发现了这一奥秘之后，才对它有了明确的认识。当人们根据这个法则再来观察自然界时，就惊奇地发现，原来在自然界的许多优美的事物中都能看到它，如植物的叶片、花朵，雪花，五角星……许多动物、昆虫的身体结构中，特别是人体中更有丰富的黄金比关系。

植物叶子中黄金分割

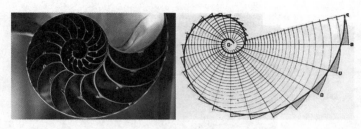

鹦鹉螺曲线的每个半径和后一个的比都是黄金比例，是自然界最美的鬼斧神工

  动植物的这些数学奇迹并不是偶然的巧合，而是在亿万年的长期进化过程中选择的适应自身生长的最佳方案。

  黄金分割律作为一种重要形式美法则，成为世代相传的审美经典规律，至今不衰！

  黄金分割率和黄金矩形能够给画面带来美感，令人愉悦。在很多艺术品以及建筑中都能找到它。埃及的金字塔，古希腊雅典的巴特农神庙，印度的泰姬陵，这些伟大杰作都有黄金分割的影子。

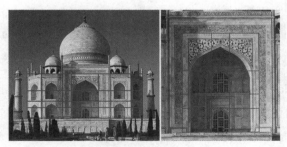

泰姬陵的多处布局都能看出黄金分割

  19世纪，一些没有艺术偏见的人们，进行了一些以科学为依据的试验，据说他们发现黄金比例是最美的比例。虽然早在文艺复兴那会，那些艺术家们就开始用黄金比例来做画面分割了，可直到19世纪，人们才开始把它提升到了科学理论的阶段，去重新审视和研究。

达·芬奇的标准人画像（用黄金比例重新了解人体结构）

达·芬奇的《蒙娜丽莎》中蒙娜丽莎的脸也符合黄金矩形，《最后的晚餐》同样也应用了该比例布局。

自黄金分割理论提出以来，被应用到了无数的工业设计、平面设计中。下面以苹果手机的设计实例做个抛砖，看看 0.618 是怎样嵌入到我们日常生活中的。

Apple logo 苹果中小叶子的高度和缺口的高度之比是 0.6，而缺口的位置也和黄金分割有着千丝万缕的关系。也许这里面还有更多黄金分割的密码，就要同学们自己去发现。

以 iphone4 为例，主界面的图标大小是 114PX × 114PX，它与图标和行距的总和（176PX）之比大约为 0.6，而屏幕分辨率的长宽比 640/960 也很接近黄金分割数 0.618。

短信页面，信息块宽度所占整个屏幕的比例也是和黄金比例很接近的。再看拨号盘，就是一个个小黄金矩形的集合。

Safari 中地址栏和搜索栏的比例也应用了黄金分割，合理地分配了空间，既能充分显示当前地址，也方便用户选择"搜索"。

26 键键盘，这是在手机中使用率最高的键盘，按键高度和按键占整个行高的比值很接近黄金分割，同时每个按键也是小黄金矩形。这里的比值都是和黄金率近似但并不完全相同，这点也很重要，因为设计并不只是美学，还要考虑到用户触键的准确率、信息的承载量等诸多因素。

为什么人们对这样的比例，会本能地感到美的存在？其实这与人类的演化和人体正常发育密切相关。据研究，从猿到人的进化过程中，骨骼方面以头骨和腿骨变化最大，躯体外形由于近似黄金矩形变化最小，人体结构中有许多比例关系接近 0.618，从而使人体美在几十万年的历史积淀中固定下来。人类最熟悉自己，势必将人体美作为最高的审美标准，由物及人，由人及物，推而广之，凡是与人体相似的物体就喜欢它，就觉得美。

古希腊数学家毕达哥拉斯有句名言，凡是美的东西都具有共同的特征，这就是部分与部分以及部分与整体之间的协调一致。

A4 纸的由来

A4 纸，是我们生活中再普通不过的东西，就连幼儿园大班的小娃娃都知道那个长方形半大不小的白纸叫 A4 纸，这么普通的东西，有什么好讲的？不就是一张白纸么？

实际上，对于大多数人来说，越是一些普通的东西，就越容易被自然而然地忽略。

比方说吧：你想过为什么要叫 A4 这个名字么？为什么就非要 210mm×297mm 这么大，直接 210mm×300mm 不行么？这么奇怪的尺寸，既不好记，也不好算。

下面就来说说 A4 纸的故事。

工业时代的特征之一，就是标准化。我们日常使用的纸张，就像螺丝钉一样，由德国人在 19 世纪 20 年代归入了自己的工业标准体系——德国工业标准比例（DIN）。当然，那时候它还算不上世界标准。不过一经出现，后面推广起来特别快，很多国家接受了德国的这套标准。在不断的演变下，国际标准纸张形成了如今的三个大类，并被赋予了三个高端、大气、国际化的大名，分别是 A 号纸、B 号纸、C 号纸。

其中的 A 号纸，应用最为广泛。

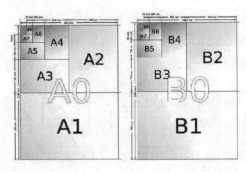

那么，何为 A 号纸？

A 号纸实际是一批大小不一的纸张，它后面携带的编号可以理解为相互对折的次数，而 A4 纸实际上就是 A0 纸对折四次的纸张大小，所以给了它一个看上去学术而且直白的名字——A4。

从纸张的批号上看，确实挺国际化、标准化，但是，一看到后面跟的那些个尺寸数字，简直都看晕了，怎么就没标准的感觉呐？很像是瞎编的，随意写的，而且特别不好记忆。这又是为什么呢？

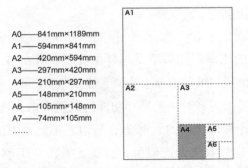

A0——841mm×1189mm
A1——594mm×841mm
A2——420mm×594mm
A3——297mm×420mm
A4——210mm×297mm
A5——148mm×210mm
A6——105mm×148mm
A7——74mm×105mm
……

直接从整套 A 号纸上来看，好像它遵循了某种比例，那么这个比例是什么呢？

黄金比例毫无疑问可以让人产生美感，但决定最终呈现效果

的因素往往是：版式、纸张、印刷、元素，甚至是生产成本，就
是钱呐！经过了一番抗争和博弈，人们最终找到了一个比例，而
这个比例在随后的一个世纪里改变了我们熟悉的这个世界。

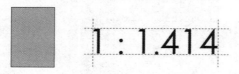

它最终被认为是标准形式，实际它就是我们数学课本上的那个：$1:\sqrt{2}$

那么，1∶1.414 优势在哪里？

这样的纸对折之后和原来的纸型比例不变。

一张长为 2，宽为 x 的矩形，对折之后长宽分别是 x 和 1，
那么为了保证相似，就要求：

$$\frac{1}{x}=\frac{x}{2},\quad x=\sqrt{2}$$

得到的比例为 $\sqrt{2}$。

1.414，接近于 $\sqrt{2}$，而这个比例正是一张纸对折之后和原来
的纸型相似的比例。如果不是这样的比例，比如 4∶3，那我们
就会发现对折后，纸的形状会失真，变成 3∶2 了。

也许就是因为有对于美感和功能的双重要求，所以才创造了
带有德国工业标准比例的 A 号纸，所以它不能是方的或者长的，
单张也不能是整数或者近似值，直观上看，它不够标准化，但
是，它实际上是深层次的标准化！

虽然整数好记忆，但是它不能被 1∶1.414 所替代，因为按
照对折来计算会出现误差，那就会带来一大堆复杂的比例计算问

题，而 A 号纸的运用，不会带来任何计算问题，它在工厂的剪裁中可以做到最大程度的避免浪费，甚至是完全没有浪费，有着极为强大的功能性，而传统美学上沉淀下来的黄金比例 1∶1.618 以及其他比例就无法满足这一属性。

那么，$\sqrt{2}$ 比例有没有局限性？我们把它讲得如此神乎其神，是不是就意味着它没有问题，无懈可击？当然不是。

A 号纸最大的优点，实际也是它最大的问题，就像是现代设计后来暴露的问题一样，呆板了，僵化了，没有应有的个性了，这也都是 A 号纸的问题。

尤其对于图书来说，当出现了"跨页"这个概念和形式后，A 号纸对于两个画面的相互存在，就完全失去了自身比例美感的优势。带着这个问题，你会发现直接运用 1∶1.414 的纸张作为内页的时候，做出来的书就会失去原有的比例美感，而对于个性化的画册、作品集和小册子，真正个性化的比例则大有用武之地，因为它们能够好地体现你想要传达的含义，表现内容所带有的情感。

所以，那些其他的黄金比例多数被应用在图书的领域了。

而这些是国际标准纸张无法做到的，它更像是一种比例单位，但又不是，和许多现代设计一样有着呆板的缺点，不过直到今天，它依然是最为合适的答案，即使现在纸媒体在不断地被数字媒体边缘化，人们的阅读习惯依然沿袭了它创造的规则。

英国人的数学真的很差？

最近英国首相卡梅伦和教育大臣摩根好不尴尬！日前，受到中国小学生的数学能力的刺激后，英国政府要求所有儿童在小学毕业前，都应该学会 12 以内的乘法表。然而，当卡梅伦和教育大臣摩根被提问 12 以内的乘法问题时，两人却不约而同地选择回避答案。

英国人的数学究竟有多差？中英中小学数学课堂究竟有哪些不同？也许事实跟想象并不那么一样。

卡梅伦为啥答不出 9×8？

卡梅伦在伦敦北部恩菲尔德一所学校做提高数学教学水平演讲时，被记者连环"钓鱼"提问。

"首相先生你好，我是第五台的记者，你是凭什么样的信心，认为你的这个政策一定会成功？"

"事实上现在已经有数以千计的学校早都在这么做了，可是现在不也还是这样么？"

"所以我想要问你的问题是……9×8 等于多少？"

卡梅伦："呃……首先我要强调一点的是！我！只在！跟我妻子一起送我的孩子去学校的时候，才会背乘法口诀表！"

作为教育大臣，给摩根的问题比卡梅伦稍微难一些：11×12 等于多少？不过，她表示"在被采访时不会回答任何数学问题"。

不查不知道，咱中国人打小被要求背的"九九乘法表"不是每个国家都有的！据媒体报道，2013 年，一个由英国顶尖的 25

所中小学校长组成的交流团到宁波考察交流时，被"九九乘法表"震惊了。

在宁波万里国际学校小学部三年级的一节数学课上，老师在黑板上写下了一个题目：72÷3=？一位同学立即上台写出答案24。一位被惊呆了的英国老师说，在英国没有这样的口诀，这道题，在英国得上好几堂课，学生才能学会。72÷3在英国是这样算的：10×3=30，10×3=30，4×3=12，然后叠加，得出的答案是24。

交流团回国后为英国人的数学问题深感着急。英国老师们迫切希望学会该表，但因英语发音不顺口而失败。九九乘法口诀表用中文讲最多五个音，而且一目了然，但用英文就是很长一段。

那么，英国的数学能力真的那么差吗？事实上，凡事都有多面性。

一般来说，我国学生学习的内容比较集中，所以学得比较深；英国的学习内容相对比较浅，因此学得比较宽。在数和计算方面可能中国见长一些，而在直观思维和空间观念方面，他们可能更为重视一些。在有的方面我们比他们做得多一点，有些方面我们比他们做得少一些。

例如，英国学生在认识四边形的时候，老师会展示多种不同的四边形，除了我们熟悉的正方形、长方形、平行四边形、梯形、等腰梯形，还专门介绍菱形。而我们的小学数学并没有菱形。现实生活中菱形非常常见，加入菱形能够完善四边形之间的相互关系。

再比如，英国学生在学习三角形内角和为180°的同时，还继续学习三角形的外角。在学习立体图形的时候，除了学习长方体、正方体，还学习三棱锥、四棱锥、三棱柱、四棱柱等。不同的图形，有不同个数的面，不同条数的棱，还有不同个数的顶点。与我们国内数学课上只出现长方体和正方体来数它们的面和棱相比，他们的素材更丰富，感性认识更强。更为重要的是，有了多个立体图形，就更方便引导学生发现立体图形中面、棱、顶点之间的关系。

其实，在英国的中学里，真正选修数学的人所学的数学远比我们国内大多数同龄人学的数学要深。我们真的不能简单地说别人是简单的。

的确，我们中国有先天学好数学的优势，朗朗上口的"乘法口诀"是中华瑰宝。英语国家的孩子要比我们辛苦很多，算术比较差也是事实。乘法口诀，也就是常说的"九九歌"（相传在公元前的春秋战国时代，九九歌就已经被人们广泛使用。最初是从"九九八十一"起到"二二得四"止，因为是从"九九八十一"开始，所以取名九九歌）。

现在我国使用的乘法口诀有两种，一种是45句的，通常称为"小九九"；还有一种是81句的，通常称为"大九九"。一般从教学组织来看，只要学会小九九，学生就能应对自如了。

有人开玩笑说，英国首相如果学几句中文，这样乘法口诀就没问题了。

股票预报

小张喜欢炒股。有一天他打开电子信箱时，一封电子邮件吸引了他的注意。

　　亲爱的股民：

　　我们有内幕消息，可以准确地预报某些股票会升还是降。当然，你或许不肯轻信，因此，你不必根据我们的预测去做。但看看我们的预测灵不灵想必你还是有兴趣的。我们预测，下周海尔的股票要下跌。

股票预报者

小张轻蔑地笑笑就把这封邮件当垃圾邮件删除了。

但在第二周，他还是对海尔的股票留意了一下。他发现，预测是准确的。

"这并没有什么了不起嘛。"小张心想，"随便猜也是有可能猜对的。"

一周后，又来了一封电子邮件。

　　亲爱的股民：

　　你还记得吗？上一次我们准确地预测了海尔股票下跌。你可能认为我们的预测是靠瞎猜，那你不妨再试一次。我们预测，下周海尔的股票会上涨。

股票预报者

小张特别关注了海尔的股票，结果他发现第二次的预测仍是准确的。小张多少感到了些好奇。此后，小张又陆续接到三封类似的邮件。让他感到越来越惊讶的是，每一次的预测结果都是准

神奇的数学

确的。

五次都能预测准，这其中或许真有什么奥妙吧。

不久，邮件又一次寄到了。

亲爱的股民：

你已经多次目睹了我们神奇的预报结果。现在你已经信服了吧？我们已经做出了 5 次正确预报，你会同意，这不可能纯靠运气。现在，我们愿意与你做一笔交易。你寄上数额不大的 100 元钱，我们可以帮助你准确预测下一周海尔股票的升降情况。

股票预报者

"如果真能事先确定这一点，自然可以获得远多于 100 元的收益。"于是，小张心甘情愿地把钱汇了出去。很遗憾，小张这一次收到的预测是错误的。

骗局的机关在哪里呢？要知道，靠瞎猜能连续 5 次准确预测涨跌结果的概率只有 1/32。如果不是有什么不平凡的预测办法，还能在什么情况下让这种小可能性变为现实呢？

实际上，骗局设计得出人意料地简单。只要多发一些不同内容的邮件就可以了。比如，一开始把 8000 封邮件发给对股票有兴趣的人，其中一半预测海尔股票升，一半预测海尔股票降。于是，4000 人会发现自己收到的预报结果是准确的。下一次只给预测正确的 4000 人发去邮件，肯定会有 2000 人发现自己收到的两次预报结果是准确的……，如法炮制，第五次后，会有 250 人收到每次预报结果都准确的邮件。小张只是通过 5 次筛选后得以幸存下来的人中的一个而已。

事实上，其中 125 人还可以继续这个游戏。

原来，发邮件者只是玩了一个概率游戏而已，如果你不懂其中的奥秘，就难免会中招了。

下面再说一个类似的例子。

通灵术表演

某电视台宣称本市来了一位具有惊人能力的通灵人做公开表演。这位威力无穷的通灵人打算小试牛刀：他专心致志，做出各种投入的表情，向空间传送自己的精神力量。与此同时，电视台主持人请电视前的观众取出一枚硬币连抛 10 次。主持人强调说，在通灵人的精神力量控制下，有些观众 10 次抛掷的结果会全部正面朝上！

很快，电视台的电话热线被打爆了。上百个观众打电话发誓，表明他们抛 10 次硬币的结果真的无一例外地都是正面朝上！

多么难以想象的魔力！这位通灵人的能力真是无可置疑。然而，事实上这里面根本没有魔法。

我们很容易算得出来，连续抛出 10 次硬币全是正面朝上的概率仅为 1/1024，这个概率确实不大，所以平常我们抛掷时不易出现这样的情况。然而，若有 100 万人参与实验，就会有大约 1000 人在这个游戏中获得奇迹。所以，出现以上火爆场面也就不足为奇了。

事实经常给我们一种印象，好像有些东西出现几率很低，"几乎不可能发生"。这种效果被称为"低几率幻觉"。人们常常忘记，虽然有些事不大容易在少量的实验里或少数情况下发生，然而却极可能在大量的实验或多次情况里产生。

还有一个有名的通灵人做电视直播时。主持人用严肃而具有诱惑力的表情，对着电视机前的观众说："请你们点亮你周围的

5 到 6 盏灯，"然后通灵人开始表演，他要用自己的精神作用远距离烧坏观众家中的灯泡。

虽然灯泡烧坏的概率很小，但如果有大量的灯泡同时点亮，烧坏的灯泡数量就不是一个小数目了。

对那些看来极端不可能发生的事，人们总是赋予它神秘的色彩，认为背后一定有一股超自然的力量在操纵。其实，我们所需要的不是惊奇，而是冷静的思索。这些所谓的超自然现象，其实只需通过思考和计算，就能揭露出其骗人之处。

数学中有个说法，叫"小概率事件必发生"，意思是说，概率很小的事件，如果大量重复，就很有可能发生，正如哲学中说的"偶然性其实蕴育在必然性之中"。例如，买彩票中 500 万元，概率非常小，但总是有人中，道理很简单，无非就是买的人很多。

西方有个很著名的"墨菲定律"："凡事只要有可能出错，那就一定会出错（Anything that can go wrong will go wrong）。""墨菲定律"的原话是这样说的："如果有两种或两种以上的方式去做某件事情，而其中一种选择方式将导致灾难，则必定有人会做出这种选择。""墨菲定律"的适用范围非常广泛，它揭示了一种独特的社会及自然现象。它的极端表述是：如果坏事有可能发生，不管这种可能性有多小，它总会发生，并造成最大可能的破坏。定律中说的"可能性有多小"，就是指"小概率事件"。

在我们的周围，经常听到有人说："不要心存侥幸，不怕一万就怕万一。"其实说的就是不要小看小概率事件，例如闯红灯，一个人可能乱闯几年都没事，但突然有一天再闯红灯的时候，可能就摊上大事儿了。

小概率事件必然发生给人们的启示，不是让人们整天患得患失、杞人忧天，而是要让人们知道世间万事万物充满变数，道理最接近于那句"一切皆有可能"。我们的生活，充满了好事与坏事，小概率的坏事与小概率的好事都在伴随我们，愿我们都用积极向上的心态去努力，正如马云说的"梦想还是要有，万一实现了呢？"当然，空想是没用的，重要的是行动。

神奇的数学

"囚徒困境"与"一报还一报"

在美国，两个罪犯准备持枪抢劫银行，但在去银行路上失手被擒。警方怀疑他们意图抢劫，苦于缺乏证据，只能起诉非法持有枪械，于是将其分开审讯。为离间双方，警方分开囚禁嫌疑犯，分别和两人见面，并向双方提供以下相同的选择：

若一人认罪并作证检举对方（相关术语称"背叛"对方），而对方保持沉默，此人将即时获释，沉默者将判监 5 年；

若两人都保持沉默（相关术语称互相"合作"），则两人一同判监半年；

若两人都互相检举（互相"背叛"），则两人一同判监两年。

假定每个参与者（即"囚徒"）都是利己的，即都寻求最大自身利益，而不关心另一参与者的利益，囚徒到底应该选择哪一项策略，才能将自己的刑期缩至最短？两名囚徒由于隔绝监禁，并不知道对方选择；而即使他们能交谈，还是未必能够尽信对方不会反口。就个人的理性选择而言，检举背叛对方所得刑期，总比沉默要来得低。试设想困境中两名理性囚徒会如何作出选择：

若对方沉默，背叛会让我获释，所以会选择背叛；

若对方背叛指控我，我也要指控对方才能得到较低的刑期，所以也是会选择背叛。也就是说，无论对方合作还是背叛，我都是选择背叛比较有利。

两人面对的情况一样，所以两人的理性思考都会得出相同的结论——选择背叛，结果两人同样服刑两年。

这场博弈的结果，显然不是顾及团体利益的最优解决方案。

以全体利益而言，如果两个参与者都合作保持沉默，两人都只会被判刑半年，总体利益更高，结果也比两人背叛对方、判刑两年的情况更佳。但根据以上假设，两人均为理性的个人，且只追求自己个人利益。均衡状况会是两个囚徒都选择背叛，结果两人判决均比合作为高，总体利益较合作为低。这就是"困境"所在。

囚徒困境是数学新分支《博弈论》中一个最具代表性的非零和博弈，由就职于兰德公司的两位科学家梅里尔·弗拉德和梅尔文·德雷歇于 1950 年提出，反映个人最佳选择并非团体最佳选择。虽然困境本身只属模型性质，但现实中的价格竞争、环境保护等方面，频繁出现类似情况。

类似的困境随处可见。

员工困境：

一名经理，数名员工；前提是经理比较苛刻；

如果所有员工都听从经理吩咐，则奖金等待遇一样，不过所有人都超负荷工作；

如果某人不听从吩咐，其他人听从吩咐，则此人下岗，其他人继续工作；

如果所有人都不听从经理吩咐，则经理下岗；

但是，由于员工之间信息是不透明的，而且，都担心别人听话自己不听话而下岗，所以，大家只能继续繁重的工作。

只要有利益冲突的地方就有囚徒的困境，许多行业的价格竞争都是典型的囚徒困境现象，每家企业都以对方为敌手，只关心自己的利益。在价格博弈中，只要以对方为敌手，那么不管对方的决策怎样，自己总是以为采取低价策略会占便宜，这就促使双方都采取低价策略。如可口可乐公司和百事可乐公司之间的竞争、各大航空公司之间的价格竞争等等。

设想有两家牙膏公司"洁齿"和"美白"。两家公司同时不做广告时，每家每年都可获利 200 万元。为了获得更多的市场份额，两家公司都开始考虑做广告。当然了，做广告需要很多钱，但是如果你做广告而你的对手不做，你就一定会从获得的更大份额中得到更大的好处，而你的对手将失去赢利。然而，如果两家公司都做广告，结果就是相互抵消影响，没有一家公司多盈利，同时每家都会白白赔上广告费用。

这一博弈可用下表表示如下：

	洁齿做广告	洁齿不做广告
美白做广告	各得利 100 万元	美白得利 300 万元，而洁齿不得利
美白不做广告	洁齿得利 300 万元，而美白不得利	各得利 200 万元

那么，美白公司的销售部经理会如何想呢？

"如果洁齿公司做广告，我或者因做广告而获利 100 万元，或者因不做广告而不获利；如果洁齿公司不做广告，我或者因做广告而获利 300 万元，或者因不做广告而获利 200 万元。所以不管洁齿公司怎么做，我总是做广告比较有利。"

同样地，洁齿公司销售部经理也会得出相同的结论，因此他们都决定做广告。

可是两家都做广告的后果是：他们都只得利 100 万元，而如他们都决定不做广告，他们都能保持原来的 200 万元获利！

两家牙膏公司用完全正确的逻辑做出的决策，最终却都以失利告终。这一牙膏悖论是著名的囚徒困境悖论在商场竞争中的再现。这样的例证是非常多的。比如，超市搞优惠活动也是如此。如果一家搞优惠，它会增加市场份额，可是只要一家超市如此，别的超市必然会跟进。竞争的结果是超市没有从它的对手中获益，却在给顾客打折上花费很多。

牙膏悖论的产生如同囚徒困境悖论一样，是因为双方互相竞争而不愿合作。当然了，在自由市场体制中也阻止它们合作。否则，他们结成联盟一起抬价，倒霉的就是消费者。在无法合作的情况下，两家公司不得不接受双输策略。不过，它们的损失却可以通过提高售价得到补偿。所以，在上面的牙膏博弈中，真正的失利者是一般公众，而唯一真正受益的是广告业。

对这种困境，有时可通过外力的干预得以打破。

烟草商为何不反对禁止烟草广告？

1971年，在"禁烟运动"的声势下，美国国会通过了禁止在电视中做烟草广告的法律。令许多人奇怪的是，这一回财大气粗的烟草公司反应相当平静，并没有动用其庞大的社会资源和影响力阻止这个法律的通过。

而且，后来的统计资料表明：尽管烟草广告因受到限制而减少，可是烟草公司的利润却提高了。

原因在于这个禁令使烟草公司从"囚徒困境"中解放了出来。

烟草行业竞争激烈，为了争夺市场，各大烟草公司都必须大做广告。为此，它们每年都要花费巨额广告费用，这无疑降低了它们的利润水平。也就是说，如果烟草公司都不做广告，它们的利润要更高。可是，如果有的烟草公司做广告，则不做广告的公司就会失去市场份额。

那么，烟草公司本身能否达成都不做广告的协议呢？不能，因为谁遵守协议，就很可能被对手耍弄。

烟草公司做不到的，国家为它做了：法律起到了协议的作用，而政府承担了监督的成本，烟草公司何乐而不为呢？

一报还一报

上面看到，如果只进行一次囚徒困境博弈，背叛对方是理性双方的均衡策略。如果进行多次囚徒困境博弈时，结果又将如何？在这种情况下，局中双方都存在许多可供选择的策略。那么，最好的策略会是什么呢？下面介绍由美国密西根大学政治学教授罗伯特·爱克斯罗德做出的一项关于囚徒困境的著名研究。

1980 年，爱克斯罗德邀请许多知名的博弈理论家、心理学家、社会学家、政治学家和经济学家，让他们根据"重复囚徒困境"（双方不止一次相遇，"背叛"可能在以后遭到报复）提供博弈的策略，并以计算机程序的形式提交。爱克斯罗德收集到 14 种策略，他自己再加入一种随机策略，即用抛硬币的方式作出合作或背叛决策。然后，爱克斯罗德采用循环赛的方式让这些不同的策略互相竞争。竞赛中每个程序要与其他程序（包括该程序本身）进行 200 次对局，为了保证结果的可靠性，整个实验重复进行了 5 次。结果他意外地发现，在这些策略中得分最高的是心理学家阿那托尔·拉泼普特提交的最简单策略，"一报还一报"。

"一报还一报"的策略是：第一轮合作，此后各轮把对方上一轮中的策略作为本轮中自己的策略，即如果对方上轮合作，则本轮我也合作；如果对方上轮背叛，则本轮我也背叛。

这一策略的第一步以合作开局，不首先背叛，不做坏人，因此它是一个"高尚"的策略，爱克斯罗德称它为"好心"程序。如果对方合作，作为反应，它也合作，"以德报德"；如果对方背叛，作为反应，它也背叛，"以牙还牙"，还对方以颜色。然而，它又是"宽宏大量"的，"体谅人"的，它并不因为对方曾背叛过就关上合作的大门，而是对方只要选择合作，自己就重启合作的大门。这些都刺激、鼓励对方合作。此外，因为一报还一报是简单的，这保证了大多数应对它的策略能够"理解"它。

第一次比赛结果说明，一报还一报策略干得还不错，但这次比赛中只有 15 种不同的策略，不见得它们已代表了所有可能的策略，也不一定是所有策略中的典型。于是，爱克斯罗德又组织了第二次比赛。在这次后续竞赛中，他向所有参赛者通报了第一次比赛的结果，让大家知道一报还一报策略干得多好，意思是让大家向一报还一报挑战，击败它。最后，他从 6 个国家中征集到 62 个程序。虽然大多数程序试图打败一报还一报，然而结果显示，"一报还一报"策略在同各种各样策略抗衡中仍然表现最佳，它又一次成为赢家。

爱克斯罗德还组织了发人深省的第三次比赛。比赛从各种各样的策略开始，通过计算机仿真对"自然选择"进行模拟。结果发现，一些策略如随机策略很快就被淘汰掉了。同时，其他策略变得更加普通，其中不但包括一报还一报和类似策略，也包括一些高度掠夺性的策略。再之后，有趣的事情发生了。经过若干代以后，这些"掠夺成性"的策略也灭绝了，一报还一报最终成为最普通的策略。这有力地证明了一报还一报是自然的优势策略。这就从理论上令人信服地证明了在不利的环境中也有可能出现合作。

爱克斯罗德的研究结果对我们理解很多社会现象都富有启发意义。

一方面，从数学研究中得出的这一结果验证了一些古老的待人原则、伦理规范。如孔子的"己所欲，施于人""己所不欲，勿施于人""以直报怨，以德报德"；基督的"以眼还眼""以牙还牙"及金律"你们愿意人怎样待你们，你们也要怎样待人"。

另一方面，通过这项研究，我们可以理解，在利己主义者的生活圈子里合作究竟是怎样出现的，以及采用合作策略的个体是否比不合作的竞争对手生存得更好等。

此外，这项研究也有助于我们深入理解诚信的缺失或建立所需要的条件等。因此，爱克斯罗德的研究被认为是博弈论最有意义的发现之一。

如此简单的程序之所以反复获胜，是因为它奉行了以其人之道还治其人之身的原则，并且用如下特征最有效地鼓励其他程序同它长期合作：善良、可激怒、宽容、简单、不嫉妒别人的成功。

爱克斯罗德在著作《合作的进化》中，还对"一报还一报"做了更深刻的脚注：第一次世界大战时，如果两军实力相当，强行进攻只会被歼灭，结果双方都会选择挖战壕对峙，横竖消灭不了对方。为减少无谓伤亡，两军对垒最有效策略也是"一报还一报"，其四大原则是：

一、友善：对方未让步自己可先行让步；

二、报复：若对方违反合作关系，必须报复，给予对方清晰的回应；

三、宽恕：若对方浪子回头，愿意让步，就要既往不咎；

四、清晰：让步要清晰，对方才能与你合作。

某些政治僵局中，"一报还一报"策略的政治智慧特别有参考价值。想和解，若要跨出大大的一步，双方的心理障碍以及风险实在太大，只能一小步一小步走，静待对方"一报还一报"。你不能奢望对方一下子完全撤去防线，只能留心对方每一个细小但微妙的善意举动，展开漫长的良性互动。

政治正是这样一种艺术。

你不能从自己单方面的利益出发看问题，一厢情愿地指望对手如你所愿妥协或"出牌"。相反，你必须无时无刻不思考对方的政治利益究竟何在，留心观察他的各种微妙的信息，提出符合双方利益的"双赢"方案，才可换取"寸进"。

人与人之间、企业与企业的交往，何尝又不是如此呢？

最后以金庸的两部经典武侠小说来比喻：

《神雕侠侣》中，北丐洪七公与西毒欧阳锋在华山之巅比拼内功，两人功力悉敌，结果相持不下。洪七公原想收手，苦于神志不清的欧阳锋苦苦相逼，他知道如果自己先行"散功"，对方却毫不领情，便会被对方打死，只好苦撑下去。最后两人同归于尽。

相反，《倚天屠龙记》中，明教教主张无忌与少林三大神僧比拼内力，一样相持不下，但双方都感到对方的善意，于是轮流散去少许内力，以作试探，结果和气收场，双方都全身而退。

友善、可激怒、宽容、简单、不嫉妒别人的成功，这些信条应该是我们每个人的为人处世之道。

拓展思维解答

《爬楼梯问题》拓展思维解答：

1. 从第四项开始，每一项是前 3 个数的和。

2. 设投掷 $n(n \geq 2)$ 次，不连续出现正面的可能情形有 a_n 种，考虑最后一次投掷：若最后一次呈现反面，则前 $n-1$ 次有 a_{n-1} 种方法；若最后一次呈现正面，则倒数第二次必是反面，前 $n-2$ 次有 a_{n-2} 种不同的方法。由加法原理得：$a_n = a_{n-1} + a_{n-2} (n \geq 4)$，易知其初值 $a_2 = 3$，$a_3 = 5$，则：

$a_4 = a_2 + a_3 = 8$，$a_5 = a_3 + a_4 = 13$，$a_6 = a_4 + a_5 = 21$，

$a_7 = a_5 + a_6 = 34$，$a_8 = a_6 + a_7 = 55$，

$a_9 = a_7 + a_8 = 89$，$a_{10} = a_8 + a_9 = 144$。

所以投掷 10 次，不连续出现正面的可能情形有 144 种。

《分牛奶问题》拓展思维解答：

1. 解答：先把 5L 的装满，然后将水倒入 3L 的，那么 5L 的桶里就有 2L 水，再将 3L 桶里的水倒掉，把 5L 桶里的 2L 水倒进 3L 的桶里，再将 5L 的桶装满，然后用 5L 桶里的水将 3L 的桶装满，那么，5L 桶里就有 4L 水了。

2. 解题思路 1：设打 7 两的勺子为 A 和打 11 两的勺子为 B。要解决此题须使 A 不断打酒倒入 B 中，B 满后再倒入酒缸，如此反复即可。

解题思路 2：本题实质是计算下列式子：$2 \times 7 - 11 = 3$，$2 \times 7 + 3 - 11 = 6$，$1 \times 7 + 6 - 11 = 2$，$2 \times 7 + 2 - 11 = 5$，$1 \times 7 + 5 - 11 = 1$，

$2 \times 7 + 1 - 11 = 4$，$1 \times 7 + 4 - 11 = 0$。即 A、B 两个勺子可量出 1–6 两酒，加上 7、11，A、B 两个勺子可量出 1–18 两酒。

参考答案：设打 7 两的勺子为 A 和打 11 两的勺子为 B。倒法如下：

7 7 → 3 11 → 3 0 → 0 3 → 7 3 → 7 10 → 6 11 → 6 0 → 0 6 → 7 6 → 2 11

A 勺中有 2 两酒。

《加薪问题》拓展思维解答：

1. $S_2 - S_1 = 100n(n-2)$，$n = 10$，$S_2 - S_1 = 8000$，

所以在该公司干 10 年，选择第二方案比选择第一方案多加薪 8000 元。

2. $S_1 = 500(n^2 + n)$，

$S_2 = \dfrac{1}{2} \cdot 2n(2n+1) \times a = n(2n+1) \times a$，

$2an^2 + na \geqslant 500n^2 + 500n$，

$a \geqslant \dfrac{500n^2 + 500n}{2n^2 + n} = 500 \times \dfrac{n+1}{2n+1} = 250(1 + \dfrac{1}{2n+1})$，

当 $n = 1$ 时，$\dfrac{1}{2n+1}$ 取到最大值 $\dfrac{1}{3}$，此时 $250(1 + \dfrac{1}{2n+1})$ 取到

最大值 $\dfrac{1000}{3}$，所以，

当 $a \geqslant \dfrac{1000}{3}$ 时，选择第二方案总是比选择第一方案多加薪。

2

有趣的数学问题

无理数的无理数次方

命题： "一切无理数的无理数次方一定是无理数"，试证明此命题或举出反例。

解答： 这个命题是错误的。有一个构造巧妙的反例：

设 $x = \sqrt{2}^{\sqrt{2}}$。

已经证明 $\sqrt{2}$ 是无理数，如果 x 是有理数，那 x 就是该命题的反例；如果 x 是无理数，那么我们来看 $x^{\sqrt{2}}$ 是多少？

$x^{\sqrt{2}} = (\sqrt{2}^{\sqrt{2}})^{\sqrt{2}} = \sqrt{2}^{\sqrt{2} \times \sqrt{2}} = \sqrt{2}^2 = 2$，为有理数，于是反例又找到了。

上面这个推理方法称为**"二难推理"**，是非常巧妙的推理方法。下面再讲两个"二难推理"的例子。

不死之酒

东方朔（公元前 154 年—公元前 93 年），西汉时期著名的文学家。汉武帝即位，征四方士人。东方朔上书自荐，任常侍郎、太中大夫等职。他性格诙谐、言词敏捷、滑稽多智，常在武帝前谈笑取乐。

有一次东方朔偷饮了汉武帝求得的据说饮了能够不死的酒，汉武帝要杀他，他说："如果这酒真能使人不死，那么你就杀不死我；如果这酒不能使人不死（你能杀得死我），那么它就没有什么用处；这酒或者能使人不死，或者不能使人不死；所以你或者杀不死我，或者不必杀我。"这就是一个二难推理。汉武帝认

岂有此理!

张婷　绘

为他说得有理，就放了他。

半费之讼

一个学生到老师那里学习法律，学习前约定：学习期间学生只付一半学费，另一半等到学生打赢第一场官司时付。

但是学生毕业后，迟迟不肯上法庭出任律师，学费拖欠下来，老师于是状告学生，要求法院让学生交学费。

老师想："如果学生赢了，按照和约必须交学费；如果我赢了，那么法院会强制让学生交学费。所以，不管这场官司结果如何，学生都必须交学费。"

毕竟是名师出高徒，学生想："如果老师赢了，按照和约我不必付款，如果我赢了，法院也不会让我付款。所以，不管这场官司结果如何，我都不必交学费。"

有理数和无理数之战

枪声响起。

"深更半夜，哪来的枪声？"小明爬上屋后的小山一看：啊呀，山那边摆开了战场，两军对垒打得正欢。一方的军旗上写着"有理数"，另一方的军旗上写着"无理数"。

小明记得老师讲过，整数和分数合在一起，构成有理数。无理数则是无限不循环小数。

"奇怪，有理数和无理数怎么打起来了？"

小明攀着小树和藤条，想过去看个究竟。突然，从草丛中跳出两个侦察兵，不容分说就把他抓起来。小明一看，这两个侦察兵胸前都佩着胸章，一个上面写着"2"，另一个上面写着"$\frac{1}{3}$"。

噢，他们都是有理数。"你们为什么抓我？"小明喊道。

"你是无理数，是个奸细！"侦察兵气势汹汹地说。

"我不是无理数，我是人！"小明急忙解释。

侦察兵不听他的申辩，非要带小明去见他们的司令不可。小明问："你们的司令是谁？"

"大名鼎鼎的整数1！"侦察兵骄傲地回答。

"那么多有理数，为什么偏偏让1当司令呢？"小明不明白。

侦察兵回答说："在我们有理数当中，1是最基本、最有能力的了。只要有了1，别的有理数都可以由1造出来。比如2吧，$2=1+1$；我是$\frac{1}{3}$，$\frac{1}{3}=\frac{1}{1+1+1}$；再比如0，$0=1-1$。"

小明被带进 1 司令所在的一间大屋子里。这里有许多被捉的俘虏，屋子的一头，摆着一架 X 光机模样的奇怪的机器。

"押上一个！" 1 司令下命令。

两个士兵押着一个被俘的人走上机器。只见荧光屏 "啪" 的一闪，显示出 "502"。

"整数，我们的人。" 1 司令说完，又叫押上另一个。荧光屏显示为 "$\dfrac{355}{133}$"。

"分数，也是有理数，是你们的人！" 小明憋不住地插嘴。司令满意地点点头。又押上一个，荧光屏上显示出 "0.352"。

"有限小数，有理数，是你们的人！" 小明继续说。接着押上的一个在荧光屏上显示出是 "0.787878…"。

"也是你们的人。" 小明兴奋地说，"无限循环小数，可以化成分数的。"

这时，又有一个俘虏被两个士兵硬拉上机器，荧光屏 "啪" 的一闪，出现 "1.414……= $\sqrt{2}$"。不等小明开口，1 司令厉声喝道："奸细，拉下去！" 这个无理数立刻被拖走了。

接着荧光屏显示出一个数 "0.101001000100001000001……"。

"这是……循环小数吧？" 小明还没说完，那俘虏猛地从机器上跳开想逃跑，却被士兵重新抓住。

"这是个无限不循环小数，是个无理数！" 1 司令说道。小明因为识别错了，脸都红了。这时，两个士兵请小明站到机器上去，荧光屏立刻出现一个大字 "人"。

"实在对不起！" 1 司令抱歉地说，"到客厅坐坐吧。"

小明问 1 司令为什么要和无理数打仗。1 司令叹了口气说："其实，这是迫不得已的。前几天，无理数送来一份照会，说他们的名字不好听，要求改名字。"

"要改成什么名字？"

"要把有理数改成"可比数"，把无理数改成"非比数"。"1
司令说，"我想，几百年来人们都这么叫，已经习惯了，何必改
呢？就没有答应。谁知他们蛮不讲理，就动起武来了。"

小明试探地问："我来为你们调停一下好吗？他们无理数的
司令是谁呢？"

"是 π"，1 司令答道，"我们也愿意协商解决这个问题。"

小明来到无理数的军营。他问 π 司令为什么非要改名不可？
π 司令说："我们和有理数同样是数，为什么他们叫有理数，而
我们叫无理数呢？我们究竟哪点无理？"说着说着，π 司令激动
起来。

小明问："那当初为什么给你们起这个名字呢？"

"那是历史的误会。"π 司令说，"人类最先认识的是有理
数。后来发现我们无理数时，对我们还不理解，觉得我们这些数
的存在好像没有道理似的，因此取了'无理数'这么个难听的名
字。可是现在，人们已经充分认识我们了，应该给我们摘掉'无
理'这顶帽子才对！"

"那你们为什么要叫'非比数'呢？"

"你知道有理数和无理数最根本的区别吗？"π 司令问小明。
不等小明回答，他自己又接着说下去："凡有理数，都可以化成
两个整数之比；而无理数，无论如何也不能化成两个整数之比。"

小明觉得 π 司令说得有道理，就点了点头，又试探着问：
"那么，能不能想办法和平解决呢？"

π 司令见他诚心诚意，就说："有一个好办法，但需要你
帮忙。"

"我一定尽力！"小明答道。π司令高兴得一把拉住小明的手："你回家后，给数学学会写一封信，把我们的要求转达给国际数学组织，请他们发个通知，把有理数和无理数改为可比数和非比数。只要人类承认了，有理数也不能不答应。"

小明答应回去试一试。他一面往家走，一面在心里嘀咕：要是数

张婷 绘

学家们不同意可怎么办呢？心里一着急，就醒了，原来是一场梦啊！

有理数是个翻译名词，rational number，日本人把它翻译成"有理数"，我们又从日文中把它移植过来，实际上这是一个误解，正确的翻译应该是"可以被精确地表示为两个整数之比的数"，所以有理数实际上正确的翻译名称应该是"可比数"才对，但是，有理数这个概念人们已经用了很多年了，习惯了这个叫法，不容易改过来，我们也就沿用原来的称呼，但是大家要明白，这个和语文中的"有理""无理"没有关系，根本不是一回事。

下面我们来看看哪些数是有理数（或者说这些数怎样化成两个整数的比）：

1. 整数化成自身比 1

$5 = \dfrac{5}{1} = 5 : 1 \qquad 26 = \dfrac{26}{1} = 26 : 1 \qquad -8 = \dfrac{-8}{1} = \dfrac{8}{-1} = (-8) : 1 =$

$1 : (-8)$

2. 分数全都是有理数（不论正负以及真分数、假分数）

$\dfrac{36}{43} = 36 : 43 \qquad -\dfrac{5}{2} = (-5) : 2 = 2 : (-5)$

3. 有限小数化成分母是 10，100，1000，10000……的分数，再化成两个整数的比

$0.125 = \dfrac{125}{1000} = \dfrac{1}{8} \qquad 3.73 = 3\dfrac{73}{100} = \dfrac{373}{100}$

$-4.693 = -4\dfrac{693}{1000} = \dfrac{-4693}{1000}$

4. 无限循环小数化成分数

如果从小数点后第一位就开始循环，则能化成分母是 9、99、999 等的分数：

$0.\dot{5} = \dfrac{5}{9} \qquad 0.\dot{9}\dot{7} = \dfrac{97}{99}$

$6.\dot{3}3\dot{1} = 6 + \dfrac{331}{999} = \dfrac{6325}{999}$

$0.\dot{1}35\dot{9} = \dfrac{1359}{9999}$

如果从小数点后隔几个 0 后才开始循环，则隔几个 0，分母就添几个 0：

$0.0\dot{5} = \dfrac{5}{90} \qquad 0.00\dot{5} = \dfrac{5}{900}$

$$13.000\dot{7} = 13\frac{7}{9000} \qquad 0.0000\dot{4} = \frac{4}{90000}$$

$$0.0\dot{5}\dot{1} = \frac{51}{990} \qquad 0.00\dot{5}\dot{7} = \frac{57}{9900}$$

$$7.000\dot{7}\dot{6} = 7\frac{76}{99\,000} \qquad 0.0000\dot{8}\dot{3} = \frac{83}{990000}$$

一般循环节有几位，分母就有几个 9。

那么，碰到像 $0.4\dot{2}\dot{1}$ 这样的循环小数怎么化为分数呢？方法举例如下：

$$0.4\dot{2}\dot{1} = \frac{421-4}{990} = \frac{417}{990}, \quad 0.56\dot{7}8\dot{3} = \frac{56783-56}{99900} = \frac{56727}{99900},$$

$$0.045\dot{2}1\dot{6} = \frac{45216-45}{999000} = \frac{45171}{999000}。$$

大家可能注意到一个问题：上述分数化简，是一件比较困难的事情。

反过来讲，用任意一个质数作最简分数的分母都能很容易地得到循环小数，并不是非用 9 等作分母才行，你有兴趣可以自己算算。

$$\frac{5}{7}\ \left(= \frac{714285}{999999}\right) \qquad \frac{84}{13}\ \left(= \frac{6461532}{999999}\right),$$

$$\frac{35}{19}\ \left(= \frac{1842105263157894735}{9999999999999999999}\right) \cdots\cdots$$

从上面的分析我们可以看出，不论是分数、小数、还是整数（包括 0）都可以化成两个整数的比，它们都是有理数；反之，不能化成两个整数比的数就是无理数，也就是无限不循环小数。

神奇的印度式乘法口诀

当中国妈妈因为小朋友会背 9×9 乘法表而高兴的同时，印度小孩已经在背 19×19 乘法了！

印度的乘法口诀表是从 1 背到 19（19×19 乘法），不过你知道印度人是怎么心算 11 到 19 的数字的乘法吗？

请试着用心算算出下面的答案：

$13 \times 12 = ?$

印度人是这样算的：

第一步：把"13"跟乘数的个位数"2"加起来，13+2 = 15

第二步：把第一步的答案乘以 10（也就是说后面加个 0）

第三步：把两个个位数相乘，$2 \times 3 = 6$

张婷　绘

第四步：（13＋2）×10＋6＝156

就这样，用心算就可以很快地算出 11×11 到 19×19 的乘法啦。

这真是太神奇了！

再试着演算一下：

14×13：

（1）14+3＝17

（2）17×10＝170

（3）4×3＝12

（4）170+12＝182

16×17：

（1）16+7＝23

（2）23×10＝230

（3）6×7＝42

（4）230+42＝272

在一般情况下，从 21×21 到 29×29、31×31 到 39×39、…、91×91 到 99×99，也有类似的算法。下面以 63×65 为例加以说明：

63×65＝（63+5）×60+3×5=4080+15=4095。

为什么有如此简单的算法？下面我们来论证一下：

设 $x=10a+b$，$y=10a+c$（a,b,c 是正整数），则

$x \cdot y = (10a+b) \cdot (10a+c) = 100a^2 + 10ab + 10ac + bc$

$= 10a(10a+b+c) + bc = 10a(x+c) + bc$。

如果特别地有 $b+c=10$，则有更简单的算法：

$$x \cdot y = 100a(a+1) + bc。$$

例如，

$22 \times 28 = 600+16 = 616$，$43 \times 47 = 2000+21 = 2021$。

如果两个两位数的十位数不同，以上方法就不能使用，可以试试"拆项法"：把十位数较大的数字的十位数拆成两部分，其中一部分与另一数字的十位数相同，例如：

$13 \times 27 = 13 \times 17+13 \times 10 = 221+130 = 351$

$22 \times 48 = 22 \times 28+22 \times 20 = 616+440 = 1056$

这就是印度人的乘法算法。

数学黑洞

所谓数学黑洞，就是无论怎样设值，在规定的处理法则下，最终都将得到固定的一个值，再也跳不出去了，就像宇宙中的黑洞，可以将任何物质，包括运行速度最快的光，牢牢吸住，使它们无法逃脱。

123 数学黑洞，即西西弗斯串

设定一个任意数字串，数出这个数中的偶数个数，奇数个数，及这个数中所包含的所有位数的总数。

例如：1234567890

偶：数出该数数字中的偶数个数，在本例中为 2，4，6，8，0，总共有 5 个。

奇：数出该数数字中的奇数个数，在本例中为 1，3，5，7，9，总共有 5 个。

总：数出该数数字的总个数，本例中为 10 个。

新数：将答案按"偶－奇－总"的位序，排出得到新数为：5510。

重复：将新数 5510 按以上算法重复运算，可得到新数：134。

重复：将新数 134 按以上算法重复运算，可得到新数：123。

结论：对数 1234567890，按上述算法，最后必得出 123 的结果，我们可以用计算机写出程序，测试出对任意一个数经有限次重复后都会是 123。换言之，任何数的最终结果都无法逃逸

123 黑洞。

卡普雷卡尔黑洞

即重排求差黑洞，又称卡普雷卡尔常数，是一种非常经典的"数学黑洞"。

三位数卡普雷卡尔黑洞（495）

任意输入一个三位数，要求个、十、百位数字不完全相同，然后把这个三位数的 3 个数字按大小重新排列，得出最大数和最小数，两者相减得到一个新数，再按照上述方式重新排列，再相减，最后总会得到一个常数，即 495。

例如：输入 352，排列得最大数为 532，最小数为 235，相减得 297；再排列得 972 和 279，相减得 693；然后排列得 963 和 369，相减得 594；最后排列得到 954 和 459，相减得 495。如果继续排列，将再次得到 954 和 459，相减得 495，如此往复，没有尽头。

四位数卡普雷卡尔黑洞（6174）

任取一个四位数，只要 4 个数字不完全相同，把这个四位数的 4 个数字按大小重新排列，得出最大数和最小数，两者相减得到一个新数，重复对新得到的数进行上述操作，7 步以内必然会得到 6174。

例如，选择四位数 6767：

7766 − 6677 = 1089

9810 − 0189 = 9621

9621 − 1269 = 8352

8532 − 2358 = 6174

7641 − 1467 = 6174

拓展思维：存在五位数的黑洞数吗？

自幂数

自幂数是指一个 n 位数（ $n \geqslant 3$ ），它的各位数字的 n 次幂之和等于它本身。

例如，我们开始时取任意一个可被 3 整除的正整数，分别将其各位数字的立方求出，将这些立方相加组成一个新数，然后重复这个程序，最后一定得到 153。

除了 0 和 1，自然数中各位数字的立方之和与其本身相等的只有 153、370、371 和 407（此 4 个数称为"水仙花数"）。

其他位数的自幂数有：

四位的四叶玫瑰数共有 3 个：1634，8208，9474；

五位的五角星数共有 3 个：54748，92727，93084；

六位的六合数只有 1 个：548834；

七位的北斗七星数共有 4 个：1741725，4210818，9800817，9926315；

八位的八仙花数共有 3 个：24678050，24678051，88593477

利用各种各样的计算机算法，可以得到更多位的"自幂数"。

未解决的问题——3n+1 问题

1976 年的一天，《华盛顿邮报》于头版头条报道了一条数学新闻。文中记叙了这样一个故事：

20 世纪 70 年代中期，美国各所名牌大学校园内，人们都像发疯一般，夜以继日、废寝忘食地玩一种数学游戏。这个游戏规则十分简单：任意写出一个自然数 n，并且按照以下的规律进行变换：

如果是个偶数，则把它除以 2；

如果是个奇数，则把它扩大到原来的 3 倍后再加 1。

不单单是学生，甚至连教师、研究员、教授与学者都纷纷加入。为什么这种游戏的魅力经久不衰？因为人们发现，无论你选择怎样一个数字，最终都无法逃脱回到谷底 1。准确地说，是无法逃出落入底部的 4 → 2 → 1 循环，永远也逃不出这样的宿命。

比如，要是从 17 开始，则可以得到 17，52，26，13，40，20，10，5，16，8，4，2，1。

如果你选择 67，根据上面的规则可以依次得到：

67，202，101，304，152，76，38，19，58，29，88，44，22，11，34，17，52，26，13，40，20，10，5，16，8，4，2，1，4，2，1。

随便取一个其他的自然数，对它进行这一系列的变换，或迟或早，你总会掉到 4 → 2 → 1 这个循环中，或者说，你总会得到 1。

数学家们试了很多数，没有一个能逃脱"421 黑洞"。

自然有人要问：是不是任何一个正整数按这样的规则演算下去都能得到 1 呢？

这个问题看起来是如此简单，以至于无数的数学家都掉进了这个坑里。光从这个问题的众多别名，便能看出这个问题"害人"不浅：叙拉古猜想、科拉兹猜想、角谷猜想、冰雹猜想、哈塞猜想、乌拉姆猜想……研究这个问题的人很多，解决这个问题的人却一个也没有。后来，人们干脆把它叫做 3n+1 问题，让哪个数学家也不沾光。

这个问题有多难呢？我们可以从下面的这个例子中略见一斑。虽然从 26 出发只消 10 步就能变成 1，但若换一个数，情况可能就大不一样了。

英国剑桥大学教授 John Conway 找到了一个自然数 27。虽然 27 是一个貌不惊人的自然数，但是如果按照上述方法进行运算，则它的上浮下沉异常剧烈：首先，27 要经过 77 步变换到达顶峰值 9232，然后又经过 34 步到达谷底值 1。全部的变换过程需要 111 步，其顶峰值 9232，达到了原有数字 27 的约 342 倍。

指数爆炸

"指数爆炸",是形容指数级增长的速度非常快,往往出乎你的意料。

先说第一个故事。

富兰克林的遗嘱

本杰明·富兰克林(Franklin·B,1706—1790),美国著名的科学家,避雷针的发明人,一生为科学和民主革命而工作,他死后留下的财产只有1000英镑。令人惊讶的是,他竟留下了一份分配几百万英镑财产的遗嘱!这份有趣的遗嘱是这样写的:

本杰明·富兰克林

"……1000英镑赠给波士顿的居民,如果他们接受了这1000英镑,那么这笔钱应该托付给一些挑选出来的公民,他们得把这些钱按每年5%的利率借给一些年轻的手工业者去生息。这笔款子过了100年增加到131000英镑。我希望,那时候用100000英镑来建立一所公共建筑物,剩下的31000英镑拿去继续生息100年。"

"在第二个100年末了,这笔款增加到4061000英镑,其中1061000英镑还是由波士顿的居民来支配,而其余的3000000英镑让马萨诸州的公众来管理。过此之后,我可不敢多作主张了!"

富兰克林，留下区区的 1000 英镑，竟立了百万富翁般的遗嘱，莫非昏了头脑？让我们按照富兰克林非凡的设想实际计算一下：

第一个 100 年末的本利和为 $1000 \times (1 + 0.05)^{100} \approx 131501$

第二个 100 年末的本利和为 $31000 \times (1 + 0.05)^{100} \approx 4076538$

可见富兰克林的遗嘱在科学上是站得住脚的！

爱因斯坦曾经说过："复利是世界第八大奇迹，其威力比原子弹更大。"

再来说第二个故事。

梵塔中的学问

印度北部的圣城贝拿勒斯城的一座神庙里，佛像前面有一块黄铜板，板上插着三根宝石针，其中一根针自上而下放着从小到大的 64 片圆形金片（在当地被称为"梵塔"）。

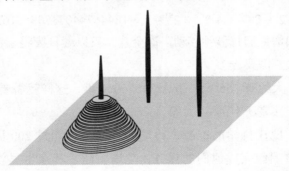

梵塔

按教规，每天由值班僧侣来移动金片，每次只能移动一片，且小片必须放在大片上——当所有的金片都移到另一根针上时，所谓的"世界末日"就到了。

($2^{64}-1$) 是正确解决梵塔问题的最少步数。

因为根据移动金片的规则，最大的 1 号片只需移动 1 次：当把它上面的 63 片金片都在中间塔柱上码放好，而右边塔柱也正好空出来的时候，1 次把它从左边塔柱移到右边塔柱就行了；

次大的 2 号片只需移动 2 次：当把它上面的 62 片金片都在右边塔柱上码放好，中间塔柱空出来的时候，把它从左边塔柱上移到中间塔柱上，这是 1 次；

把 1 号片从左边移到右边后，中间塔柱上有 63 片金片，把上面 62 片金片移到左边后，2 号金片就可以"脱身"，移到右边塔柱，这是它的第 2 次也是最后 1 次移动；

依此类推，3 号金片要通过 4 次移动就位，4 号金片要通过 8 次移动就位……，最小的那个 64 号金片就要通过 2^{63} 次移动最后就位。

这样总移动次数就是

$2^0 + 2^1 + 2^2 + \cdots + 2^{63} = 2^{64} - 1 = 18446744073709551615$

假如僧侣们每秒钟移动一次金片，夜以继日废寝忘食地照这样干下去，需要干多少年？

一年大约有 365 天，折合 31536000 秒，这样就需要 5800 多亿年才能移完所有的 64 片金片。

根据现代科学的推测，地球的寿命不会超过 200 亿年，那么不等僧侣们完成他们的任务，梵塔、庙宇和众生早就不复存在了。

梵塔每个金片及总的移动次数正好与另一个著名的在国际象棋的每个方格上放麦子数的传说相对应。

传说舍罕王的宰相达依尔发明了国际象棋以后，舍罕王要奖励他，问他要什么。达依尔拿出国际象棋棋盘对舍罕王说："陛下在棋盘的第 1 格上放 1 粒小麦在第 2 格上放 2 粒小麦，在第 3 格上放 4 粒小麦，……顺次翻番，这样放满 64 格，陛下把这些小麦赐给小臣就行了。”

舍罕王心想这个聪明人怎么这样犯傻，只要这么点赏赐，就命手下按此去取小麦。结果令舍罕王大吃一惊，原来全国粮仓中所有小麦都运来也远远满足不了达依尔的要求，因为所需小麦总粒数也是：

$$2^0 + 2^1 + 2^2 + 2^3 + 2^4 + \cdots + 2^{63} = 2^{64} - 1$$

有人做过统计，1 升小麦约有 15 万粒，达依尔所要小麦约合 140 亿亿升，大约是全世界 2000 年小麦产量的总和！

解决梵塔问题移动金片的总次数则正好与达依尔所要小麦总数相同，也就是说，这两个看起来完全不相干的问题在数学上竟然是“同构”的！

布丰投针问题

布丰（1707 —1788 年），是法国著名的博物学家、作家。在他十几岁时，在父亲的意愿下学习法律。26 岁入法国科学院，1733 年当选为法国科学院院士，1739 年任巴黎皇家植物园园长，1753 年进入法兰西学院。

布丰

布丰是几何概率的开创者，并以布丰投针问题闻名于世，发表在其1777 年的论著《或然性算术试验》中。

1777 年的某一天，布丰的家里宾客满堂，原来他们是应主人的邀请前来观看一次奇特试验的。

年已古稀的布丰先生兴致勃勃地拿出一张纸来，纸上预先画好了一条条等距离的平行线。接着他又抓出一大把原先准备好的小针分发给每个客人，这些小针的长度都是平行线间距离的一半。

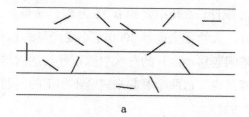

a

然后布丰先生宣布："请诸位把这些小针一根一根随意往纸上扔吧！不过，请大家务必把扔下的针是否与纸上的平行线相交告诉我。"

客人们不知布丰先生要玩什么把戏，只好客随主便，一个个加入了试验的行列。一把小针扔完了，把它们捡起来又扔，而布丰先生本人则不停地在一旁数着、记着，如此这般地忙碌了将近一个钟头。

最后，布丰先生高声宣布："先生们，我这里记录了诸位刚才的投针结果，共投针 2212 次，其中与平行线相交的有 704 次。总数 2212 与相交数 704 的比值为 3.142。"

说到这里，布丰先生故意停了停，并对大家报以神秘的一笑，接着有意提高声调说："先生们，这就是圆周率 π 的近似值！"

求圆周率是一个几何问题，而布丰却用概率的方法解决了，完全不相同的两个领域被神奇地联系起来，这就是某种意义上的创新。

投针问题可述为：设在平面上有一组平行线，其距离都等于 d，把一根长 $l < d$ 的针随机投上去，则这根针和一条直线相交的概率是 $\dfrac{2l}{\pi d}$。

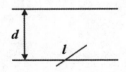

历史上一些学者的计算结果（直线距离 $d=1$）

试验者	时间	针长	投掷次数	相交次数	π 的近似值
Wolf	1850	0.80	5000	2532	3.1596
Smith	1855	0.60	3204	1218	3.1554
De Morgan	1860	1.00	600	382	3.1370
Fox	1884	0.75	1030	489	3.1595
Lazzerini	1901	0.83	3408	1808	3.1416
Reina	1925	0.54	2520	859	3.1795

布丰先生的理论后来发展成了概率论。随着电子计算机的发展，按照布丰的思路建立起了我们现在经常用的"蒙特卡洛方法"。

骑驴卖胡萝卜

一个商人骑一头驴要穿越 1000 千米长的沙漠，去卖 3000 根胡萝卜。已知驴一次性可驮 1000 根胡萝卜，但每走 1 千米驴要吃掉 1 根胡萝卜。问：商人最多可卖出多少根胡萝卜？

这个问题有各种答案。性急的，说这是伪问题，1000 千米驴子把驮的都吃完了，还卖什么？脑筋急转弯的，说先把驴卖掉，拿钱坐飞机把胡萝卜运去，这就能卖出 3000 根。讲爱心的，说这事要问驴子怎么看。虚心地，弱弱地问："老大，驴子为什么要吃胡萝卜？"这些都不是数学思维。

把它当作数学问题的回答是：

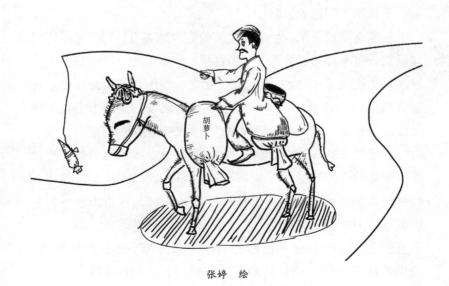

张婷 绘

先运 1000 根到 200 千米处，放下 600 根，驮 200 根够返回吃的；再重复；第三次不必返回，所以在第一个中转站共有 2000 根；

再运 1000 根，前行 333 千米，即在离起点 533 千米处（第二个中转站），放下 334 根，返回到 200 千米处；再驮上 1000 根，到 533 千米处，共 1001 根；

最后驮上 1000 根，放弃 1 根，这时离目的地还有 1000–533 = 467 千米，扣去路上吃掉的，到达终点时还剩下 533 根。

有人抗议："你没告诉我沙漠可以停，堆在那儿也不怕兔子咬、狐狸叼、被人偷了呀？"

这是应试教育出来的书呆子，想问题时太呆，找借口时又太活络，就是不能说出点有意义的东西。

有人说："还没有证明 533 根是最多可以运到的胡萝卜吧？"对啦！这才是学了数学要提的问题。

下面给出解题的思路：

运输会消耗资源，要运尽量多的资源到终点，每次运输应尽量满载，将不再回返地点的资源耗尽。

如果资源不止 1000 根，就应建立一些中转站，最后的中转站离目的地不到 1000 千米，满载从这里出发扣去路上消耗的就是运达的数量。最大化运达数量，就是想办法每次都满载。

考虑有 1000N 资源，这里 $N > 1$ 是整数，因为要满载及把留在出发地的资源耗尽，所以要运 N 次，往返共 $2N–1$ 趟。要让下一程每次都能满载，这一程要消耗 1000 资源，这得出这一程走的距离是 1000/（$2N–1$）千米。

因为这 N 次的运输已经把 1000N 的资源全部运离出发地，途中消耗了 1000，所以将剩下的 1000（$N–1$）的资源全部运进了 1000/（2 N-1）千米处的中转站。

重复应用上述的方法，最后可以将 $\sum_{n=2}^{N}\dfrac{1000}{2n-1}$ 数量的资源运达目的地了。

将算法用到上面这具体的例子，可得答案为：

$$\frac{1000}{5}+\frac{1000}{3}\approx533$$

以上算法有个问题：有时不能整除，假定驴子一次要吃一整根胡萝卜，里程数必须是把小数去掉的整数部分。

有人说，题目中，没有说驴子是怎么一千米吃一根萝卜的，如果是一开始吃的，就在最后一个中转站让它先吃一根胡萝卜，然后驮 1000 根上路，这样到达时就运了 534 根！

也对。既然题目没有局限，这说法有道理，也是个好答案。

有时现实中的问题并不只是有一种答案，它们的区别只在于有没有意义。如果是商业应用，实用性最有意义，如果是数学问题，那就要有挑战性，能整出漂亮的结果。

同学们可以自己动手算一下，如果商人分别有 4000，5000，6000，7000，8000 根胡萝卜，结果怎么样。

类似的问题很多，比如飞机运燃料问题。

下面再介绍一个类似的问题：

一人最远走多少千米？

甲乙两人到沙漠探险，每天走 20 千米，已知每人最多可以带一个人 24 天的食物和水，不准将部分食物存放于途中，求其中一人最远可以深入沙漠多少千米？（要求最后两人都返回出发点）

设甲开始和乙一起走，甲在途中返回，乙最后一个人走，并

神奇的数学

独自返回。

　　乙和甲分手时最多只能带 24 天的食物和水。所以甲和乙在分手前就要用去 24 天的食物（包括甲返回的食物和乙用去的食物），所以甲出发 24÷3=8 天就要返回；

　　分手的时候乙还有 24 天的食物（甲留下的和乙留下的），但后 8 天的食物要先备足，24−8=16，即还有可以吃 16 天的食物；

　　乙只能再向前走 16÷2=8 天；

　　这样乙一共走了两个 8 天，所以乙最远能走 16×20=320 千米。

只称一次找出次品球

在数学游戏和智力竞赛中经常遇到一类问题，标准球中混入一些次品球，要求用天平只称一次，将次品球找出来。这类题构思精巧，解法独特，现试举例说明。

例 1　某商家进了一批钢珠，共 10 箱，根据合同标准，这批钢珠的规格是每颗质量为 10 克。由于工作疏忽，这批钢珠中混入了 1 箱规格为每颗质量为 9 克的次品。现在只有一台电子秤，你能只称一次就把那箱次品钢珠找出来吗？（假定箱中的钢珠数量足够多）

解：先把这 10 箱钢珠依次编上 1，2，3，……，10 号，从第一箱中取 1 颗钢珠，第二箱中取 2 颗钢珠，……第十箱中取 10 颗钢珠，然后把这（1 ＋ 2 ＋ 3 ＋……＋ 10=）55 颗钢珠一起称一次。如果它们全是正品，质量应为（55×10=）550 克，现在由于混进较轻质量次品球，实际总质量当然要比 550 克轻些。

若总质量为 549 克，即比 550 克轻了 1 克，则说明混进了 1 颗次品钢珠，这颗钢珠必定来自第一箱，可以断定第一箱钢珠是次品。

若总质量为 548 克，即比 550 克轻了 2 克，则说明混进了 2 颗次品钢珠，又可断定第二箱是次品。

……

因为 10 箱中只混进 1 箱次品，所以 55 颗钢珠的总质量与 550 克的差必为 1，2，3，4，……10 克中的一个数，依此，只称一次，这个差为几就可以推断几号箱是次品。

例 2　在例 1 的 10 箱钢珠中，若混进了不止一箱次品，能否只称一次就查出这些次品钢珠的箱子呢？

解：我们把取钢珠方法改为从第一箱中取 1 颗（$2^0 = 1$），第二箱中取 2 颗（$2^1 = 2$），第三箱中取 4 颗（$2^2 = 4$），……第十箱中取 $2^9 = 512$，再把 $1 + 2 + 4 + 8 + \cdots\cdots + 512 = 1023$ 颗钢珠放在一起称一次，如果它们全是正品，质量应为 10230 克，现因为混有质量较轻次品钢珠，当然要比 10230 克轻些。

若总质量为 10229 克，即比 10230 克轻 1 克，则说明混进了 1 颗次品钢珠，这颗次品钢珠必来自第一箱。

若总质量为 10227 克，即比 10230 克轻 3 克，则说明混进了 3 颗次品钢珠，由于 3 = 1 + 2，因此，这 3 只球分别来自第一、二箱。

类似地，不妨设若总质量比 10230 克轻了 25 克，说明混进了 25 颗次品钢珠，而 $25 = 16 + 8 + 1 = 2^4 + 2^3 + 2^0$，因此可以推断第一、四、五号箱是次品钢珠。

因为实际总质量与标准总质量的差能唯一地表示为一个二进制数，所以只称一次，根据这个二进制数的表达式可以把次品钢珠的箱子都检查出来。

如果 10 箱小钢珠中，混进的次品钢珠不止一箱，且每箱次品钢珠的质量比正品钢珠少的质量不同，能否只称一次找出次品钢珠呢？

例 3 现有 10 箱钢珠，根据标准，每个钢珠质量应该为 10 克，但这 10 箱中，混进了两箱次品，次品的外观与正品没有区别，只是一箱钢珠每颗质量比正品钢珠少 1 克，另一箱钢珠每只质量比正品钢珠少 2 克。请设计一种方案，只称一次将这两箱次品钢珠找出来。

解：仍先给箱子编上号，但取球方法修改为：从第一箱中取 1 颗（$3^0 = 1$），第二箱中取 3 颗（$3^1 = 3$），第三箱中取 9 颗

（$3^2 = 9$），……，第十箱中取 $3^9 = 29524$ 颗，再把这 $1 + 3 + 3^2$ $+ 3^3 + \cdots + 3^9 = 29524$ 颗钢珠放在一起称一次，如果全是正品，质量应为 295240 克，但因为混有质量较轻次品钢珠，实际总质量当然要比标准总质量 295240 克轻些。

若总质量比 295240 克轻 15 克，因为 15=9 + 3×2=1 × 3^2 + 2× 3^1 + 0× 3^0，即把十进制数 15 写成三进制数为 $(120)_3$，可知第二号箱每颗钢珠比标准钢珠轻 2 克，第三号箱每颗钢珠比标准球轻 1 克。

若总质量比 295240 克轻 495 克，因为 495=243×2 + 9=2× 3^5 + 1× 3^2，即把十进制数 495 写成三进制数为 $(200100)_3$，可知第三号箱每颗钢珠比标准钢珠轻 1 克，第六号箱每颗钢珠比标准钢珠轻 2 克。

因为只混进两箱次品钢珠，且一箱每颗比标准质量轻 1 克，另一箱每颗比标准质量轻 2 克，所以，实际总质量与标准总质量的差一定能写成 $3^m \times 1 + 3^n \times 2$（$m, n$ 不相等，且为不大于 9 的自然数）的形式，且由于这个差（十进制数）能唯一地表示为一个三进制数，所以只称一次，根据这个三进制数的表达式就可以把两箱次品钢珠找出来。

下面再介绍一个类似的问题。

分金条问题

你让工人为你工作 7 天，回报是一根金条，这个金条平分成相连的 7 段，你必须在每天结束的时候给他们一段金条。如果只允许你两次把金条弄断，你如何给你的工人付费？

解题思路：由 1，2 两个数字可表示 1~3 三个数字。由 1，2，4 三个数字可表示 1~7 七个数字（即 1，2，1+2，4，4+1，4+2，4+2+1）。

由 1，2，4，8 四个数字可表示 1~15 十五个数字，依此类推。

答案是把金条分成 1/7，2/7 和 4/7 三份。这样，第 1 天我就可以给他 1/7；第 2 天我给他 2/7，让他找回我 1/7；第 3 天我就再给他 1/7，加上原先的 2/7 就是 3/7；第 4 天我给他那块 4/7，让他找回那两块 1/7 和 2/7 的金条；第 5 天，再给他 1/7；第 6 天和第 2 天一样；第 7 天给他找回的那个 1/7。

问题的关键是 1/7，2/7，4/7，这三个数是怎么来的，实际上分别是 $1/(2^3-1)$，$2/(2^3-1)$，$4/(2^3-1)$，这样问题就容易推广了。一般，你让工人为你工作（2^n-1）天，给工人的回报是一根金条。金条平分成相连的（2^n-1）段，你必须在每天结束时给他们一段金条，如果只许你 $n-1$ 次把金条弄断，你如何给你的工人付费？（$1/(2^n-1)$，$2/(2^n-1)$，$4/(2^n-1)$，……）

例如，你让工人为你工作 15 天，给工人的回报是一根金条。金条平分成相连的 15 段，你必须在每天结束时给他们一段金条，如果只许你 3 次把金条弄断，你如何给你的工人付费？

解答：$n=4$，$2^4-1=15$，分别在 $\dfrac{1}{15}, \dfrac{2}{15}, \dfrac{4}{15}$ 处弄断即可。

还有一个类似的问题：人民币为什么只有 1，2，5，10 的面值？

为了便于找零钱，理想状态下应是 1，2，4，8，在现实生活中常用 10 进制，故将 4，8 变为 5，10。只要 2 有两个，1，2，2，5，10 五个数字可表示 1~20。

拓展思维：

你让工人为你工作 31 天，给工人的回报是一根金条。金条平分成相连的 31 段，你必须在每天结束时给他们一段金条，如果只许你 4 次把金条弄断，你如何给你的工人付费？

等分阴阳图

阴阳图是由两个半圆弧相接组成的曲线把整个圆平分为黑白二色而成。

阴阳图

1958 年，英 国 数 学 家 Henry Dudeney 在 他 的 著 作《Amusements in Mathematics》中曾经提出了这样一个问题：如何用尺规作出一条同时平分阴阳两部分的曲线？他给出了两种不同的答案。

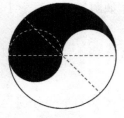

解法 1   解法 2

解法 1 是非常完美的，它不但同时平分了阴阳两部分的面积，连分出来的形状也完全相同。

解法 2 也非常简单，仅用一条 45° 倾斜的直线即可同时平分阴阳两部分。为了证明这一点，我们只需要计算一下白色的半圆形和 45° 扇形的面积和即可。二者的面积恰好都等于 $\frac{1}{8}\pi R^2$，其总和为 $\frac{1}{4}\pi R^2$，恰为整个白色区域的一半。由对称性，黑色面积也被平分。

除此之外，你还能想到多少种平分方法呢？

1960 年，《Mathematics Magazine》杂志编辑 Trigg 给出了另外三种解法。一种简单但却很不容易想到的解法是，做一个半径为 $R/\sqrt{2}$ 的同心圆。这个同心圆的面积恰好是整个圆面积的一半，而由对称性，黑白两部分在小圆内各占一半，在圆环上也各占一半，这说明同心圆确实把两部分面积都平分了。

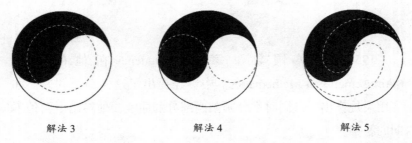

解法3   解法4   解法5

解法 4 如图所示，每个小圆都是大圆面积的 1/4，因此显然满足要求。

解法 5 是一个比较复杂但同时也很具有研究和扩展价值的分法。

两个半圆弧的半径分别为 $\frac{1}{2}aR$ 和 $\frac{1}{2}(a+1)R$，欲让这条曲线将黑白二色面积平分，则须：

$$\frac{1}{2}\pi(\frac{1}{2}aR)^2 + \frac{1}{2}\pi[\frac{1}{2}(a+1)R]^2 - \frac{1}{8}\pi R^2 = \frac{1}{4}\pi R^2 \quad \Rightarrow \quad a^2 + a = 1$$

$$\Rightarrow \quad a = \frac{\sqrt{5}-1}{2}$$

这个数字恰好是著名的黄金分割法！

这种分割法背后的一个重要思想：由于大圆弧的半径始终等于小圆弧半径加上 $R/2$，因此小圆弧半径确定了整个曲线。随着这个半径值的增加，总有一个时候它会恰好平分每一部分的面积。只要这个半径值可以用尺规做出来，我们的问题也就解决了。

下面再给出一个简单易行的解法。

解法 6

解法 6：分别以 $\dfrac{3}{4}R$ 和 $\dfrac{1}{4}R$ 为半径作半圆弧，如图，

最下面一块白色区域的面积为：

$$\frac{1}{2}\pi\left(\frac{1}{4}R\right)^2 + \frac{1}{2}\pi R^2 - \frac{1}{2}\pi\left(\frac{3}{4}R\right)^2 = \frac{1}{4}\pi R^2$$

恰为白色区域面积的一半。

善于思考的你，还能够想出其他解法吗？

拓展思维：如何用尺规作出黄金比例分割点？

怎样用尺规把一个圆 17 等分

哪些圆内接正多边形可以用圆规和直尺作图？哪些则不能？这是一个非常古老而又有趣的问题。下面再给大家讲一个有趣的故事。

1796 年的一天，德国哥廷根大学，一个很有数学天赋的 19 岁青年吃完晚饭，开始做导师单独布置给他的每天例行的 3 道数学题。

张婷　绘

前两道题在两个小时内就顺利完成了。第三道题写在另一张小纸条上：要求只用圆规和一把没有刻度的直尺，画出一个正十七边形。

他感到非常吃力。时间一分一秒地过去了，第三道题竟毫无进展。这位青年绞尽脑汁，但他发现，自己学过的所有数学知识似乎对解开这道题都没有任何帮助。

困难反而激起了他的斗志：我一定要把它做出来！他拿起圆规和直尺，他一边思索一边在纸上画着，尝试着用一些超常规的思路去寻求答案。

当窗口露出曙光时，青年长舒了一口气，他终于完成了这道难题。

见到导师时，青年有些内疚和自责。他对导师说："您给我布置的第三道题，我竟然做了整整一个通宵，我辜负了您对我的栽培……"

导师接过学生的作业一看，当即惊呆了。他用颤抖的声音对青年说："这是你自己做出来的吗？"青年有些疑惑地看着导师，回答道："是我做的。但是，我花了整整一个通宵。"

导师请他坐下，取出圆规和直尺，在书桌上铺开纸，让他当着自己的面再画一个正十七边形。

青年很快画出了一个正十七边形。导师激动地对他说："你知不知道？你解开了一桩有两千多年历史的数学悬案！阿基米德没有解决，牛顿也没有解决，你竟然一个晚上就解出来了。你是一个真正的天才！"

原来，导师也一直想解开这道难题。那天，他是因为失误，才将写有这道题目的纸条交给了学生。

每当这位青年回忆起这一幕时，总是说："如果有人告诉我，这是一道有两千多年历史的数学难题，我可能永远也没有信心将它解出来。"

这位青年就是数学王子高斯。高斯（Johann Carl Friedrich

Gauss，1777—1855），他有数学王子的美誉，并被誉为历史上最伟大的数学家之一，和阿基米德、牛顿、欧拉同享盛名。高斯是用代数的方法解决的，他也视此为生平得意之作，还交代要把正十七边形刻在他的墓碑上，但后来他的墓碑上并没有刻上十七边形，而是十七角星，因为负责刻碑的雕刻家认为，正十七边形和圆太像了，大家一定分辨不出来。

有趣的悖论

什么是悖论？先来讲一个"鳄鱼与小孩"的故事。

"鳄鱼与小孩"的故事

一条鳄鱼从母亲手中抢走了一个小孩。

鳄鱼：我会不会吃掉你的孩子？答对了，我就把孩子不加伤害地还给你。

这位母亲应该怎样回答呢？

聪明的母亲回答说："呵呵！你是要吃掉我的孩子的。"

鳄鱼：唔…我怎么办呢？鳄鱼碰到了难题：如果我把孩子交还你，你就说错了，我应该吃掉他；可是我如果把孩子吃掉了，你就说对了，我又得把孩子还给你？

拙劣的鳄鱼懵了，结果把孩子交回了母亲，母亲一把拽住孩子，跑掉了。

张婷 绘

鳄鱼愤愤不平地想：真倒霉！要是她说我要给回她孩子，我就可以美餐一顿了。

如果你们细细琢磨这段著名的悖论，你们一定会明白那位母亲是多么机智。她对鳄鱼说的是"你是要吃掉我的孩子的"。

无论鳄鱼怎么做，都必定与它的允诺相矛盾。如果它交回小孩，母亲就说错了，它就可以吃掉小孩。可如果它吃掉小孩，母亲就说对了，这就得让它把孩子无伤害地交出来。鳄鱼陷入了逻辑悖论之中，它无法从中摆脱出来而不违背它自己。

如果不是这样，假定母亲说："你将要把孩子交回给我。"

那么，鳄鱼就可以随便做出选择了，它既可以交回孩子，也可以吃掉他。如果它交回小孩，母亲就说对了，鳄鱼遵循了自己的诺言。反过来，如果它聪明一些的话，它可以吃掉孩子，这使得母亲的话错了，鳄鱼便可以从交回小孩的义务中解脱出来。

唐·吉诃德悖论

小说《唐·吉诃德》里描写过一个国家.它有一条奇怪的法律：每一个旅游者都要回答一个问题，"你来这里做什么？"

如果旅游者回答对了，一切都好办。如果回答错了，他就要被绞死。

一天，有个旅游者回答："我来这里是要被绞死。"

这时，卫兵也和鳄鱼一样慌了神，如果他们不把这人绞死，他就说错了，就得受绞刑。可是，如果他们绞死他，他就说对了，就不应该绞死他。

为了做出决断，旅游者被送到国王那里。苦苦想了好久，国王才说——"不管我做出什么决定，都肯定要破坏这条法律。我们还是宽大为怀算了，放这个人自由吧。"

这段关于绞刑的悖论出在《唐·吉诃德》第 2 卷的第 51 章。吉诃德的仆人桑乔·潘萨成了一个小岛的统治者，在那里他起誓在这个国家要奉行这条奇怪的关于旅游者的法律。当那个旅游者被带到他面前时，他用慈悲和常识做出了对这个人的裁决。

这条悖论实质上和鳄鱼悖论是同样的。旅游者的回答使小岛的君王无法执行这条法律而不自相矛盾。

理发师悖论

著名的理发师悖论是伯特纳德·罗素提出的。

一个理发师的招牌上写着：城里所有不自己刮脸的男人都由我给他们刮脸，我也只给这些人刮脸。

那么谁给这位理发师刮脸呢？

如果他自己刮脸，那他就属于自己刮脸的那类人。但是，他的招牌说明他不给这类人刮脸，因此他不能自己来刮；

如果另外一个人来给他刮脸，那他就是不自己刮脸的人。但是，他的招牌说他要给所有这类人刮脸。因此其他任何人也不能给他刮脸。看来，没有任何人能给这位理发师刮脸了！

伯特纳德·罗素提出这个悖论，为的是把他发现的关于集合的一个著名悖论用故事通俗地表述出来。罗素悖论动摇了现代数学的根基——"集合论"，从而引发了第三次数学危机。

预言家的预言

有个预言家声称能用他的水晶球预言未来。有一天他与他十多岁的女儿苏珊发生了争论。

苏珊："你是一个大骗子，爸爸。你根本不能预言未来。"

预言家："我肯定能。"

苏珊："不，你不能。我就可以证明它！"

苏珊在一张纸上写了一些字，把它折起来，再将它压在水晶球下，并说道："我写了一件事，它在3点钟以前可能发生，也可能不发生。如果你能预言它是发生，还是不发生，在我毕业时你就不用给我买你答应过要给我买的汽车了。"

"这是一张白卡片。如果你认为这件事会发生，就在上面写'是'；如果你认为它不发生，你就写'不'。要是你写错了，你答应现在就买辆汽车给我，不要拖到以后好吗？"

预言家："好吧，苏珊，就这样约定了啊。"

预言家在卡片上写了一个字。到3点钟时，苏珊把水晶球下面的纸拿出来，高声读道："在下午3点之前你将写一个'不'字在卡片上。"

预言家："你捉弄了我。我写的是'是'，所以我错了。可是，我要是写'不'在卡片上，我也错了。我根本不可能写对的。"

"我想要一辆红色的赛车，爸爸，要带斗形座的。"

这条悖论最早的形式是关于一台计算机，这台计算机用开红灯表示"是"，开绿灯表示"不"。这台计算机被要求用回答"是"或"不"来预言下一次灯亮是不是绿灯。很明显，要它预言正确，在逻辑上是不可能的。这里改写为与预言家打赌的故事，是马丁·加德勒创造的，发表在他的《选自'科学美国人'的新的数学游戏》第11章。

这个悖论可以简化成最简单的形式，即问一个人："你下句话要讲的是'不'，对不对？请回答'是'或'不'。"

这条悖论是否和说谎者悖论相同？这个问题会引起一场有趣的讨论。当这个人回答时，"不"的意思是什么？显然，在说谎者悖论中它相当于"我现在说的'这是错的'这句话是错的。"

这自然和"这句话是错的"一样。因此，预言家悖论只不过是说谎者悖论经过伪装的翻版而已。

笼统地说，悖论是指这样的推理过程：它看上去是合理的，但结果却得出了矛盾。

悖论在很多情况下表现为能得出不符合排中律的矛盾命题：

由它的真，可以推出它为假；

由它的假，则可以推出它为真。

排中律：传统逻辑基本规律之一，即一个命题是真的或不是真的，此外没有其他可能。

由于严格性被公认为是数学的一个主要特点，因此如果数学中出现悖论会造成对数学可靠性的怀疑。

"不要读这一页上的任何东西。"悖论就像这句话一样，其陈述或表现出自我矛盾，或得出无意义和令人吃惊的结论，或形成无休止的循环论证。多少世纪来，悖论不仅使人迷惑，造成了逻辑思维上的混乱，同时也引起了人们的兴趣和不安。悖论出现在广泛的学科范围，包括文学、科学、数学，乃至于我们日常所面对的东西，比如一面墙上贴的一张布告："不准张贴！"

很多年以前，一台设计用于检验语句正误的计算机中输入了说谎者逆论："这句话是错的"。这台可怜的计算机发起狂来，不断地打出对、错、对、错的结果，陷入了无休止的反复中。

齐诺的"二分法悖论"

一位旅行者步行前往一个特定的地点。他必须先走完一半的距离，然后走剩下距离的一半，然后再走剩下距离的一半，永远有剩下部分的一半要走，因而这位旅行者永远走不到目的地！

伽利略悖论

$$1 \quad 2 \quad 3 \quad 4 \quad 5 \quad 6 \quad 7 \quad 8 \quad 9 \quad 10 \quad 11 \quad \dots \quad n \quad \dots$$
$$\updownarrow \quad \updownarrow \quad \updownarrow \quad \updownarrow \quad \updownarrow \quad \updownarrow \quad \updownarrow \quad \updownarrow \quad \updownarrow \quad \updownarrow \quad \updownarrow \quad \quad \updownarrow$$
$$1 \quad 4 \quad 9 \quad 16 \quad 25 \quad 36 \quad 49 \quad 64 \quad 81 \quad 100 \quad 121 \quad \dots \quad n^2 \quad \dots$$

上图构成了正整数集合和平方数集合之间的一一对应，于是推出两集合的元素个数相等；但由"部分小于全体"，又推出两集合的元素个数不相等。这就形成悖论。

硬币悖论

顶上的硬币绕下方的硬币移动半圈，其位置如何？由于它所走的路只是圆周的一半，人们有理由认为图案应该颠倒，然而结果怎样呢？你能解释这是怎么一回事吗？

亚里士多德的轮子悖论

在轮子上有两个同心圆。轮子滚动一周，从 A 点移动到 B 点，这时 |AB| 相当于大圆的周长。此时小圆也正好转动一周，并走过了长为 |AB| 的距离。难道小圆的周长也是 |AB| 吗？

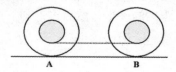

外祖母悖论

我会穿梭时空，回到过去，把我自己的外祖母杀了。我外祖母没了，我妈就没了，我也就没了。而我没了，就没有人杀我外祖母，我外祖母就不会死，那我又有了。而有了我，外祖母就没了，我也就没了……。

科幻小说或穿越剧中经常会出现时空穿梭旅行，上述"外祖母悖论"就是一个无法克服的矛盾。

"……古往今来，为数众多的悖论为逻辑思想的发展提供了食粮。"——布巴布基。

由上面的小悖论可以看出悖论对人思维的挑战，但是大家不要以为悖论是错误的，认为它的存在会让数学往相反的方向走去。其实恰恰相反，它的存在会让数学的基础越来越坚固。一些悖论之所以会出现，并非恶意，是由于实际上它确实存在，也就是说数学上尚存在这个漏洞。数学史上曾经历了三次危机，都是由悖论引起的。毕达哥拉斯悖论引起第一次数学危机，贝克莱悖论引起第二次数学危机，罗素悖论引起第三次数学危机。

了解了数学悖论与数学危机的关系，大家就会体会到，悖论不但迷人，而且是数学的一部分，并为数学的发展提供了重要而持久的助推力；数学的发展不是一帆风顺的，而是一波三折，数学的严谨是一代又一代数学家努力的结果，数学的抽象更是千锤百炼而成的。

数学中的矛盾既然是固有的，它的激烈冲突——危机就不可避免。危机的产生使人们认识到了现有理论的缺陷，科学中悖论的产生常常预示着人类的认识将进入一个新阶段，危机的解决给数学带来了许多新认识、新内容，有时也带来了革命性的变化。悖论给数学的发展带来了"鲶鱼效应"。

拓展思维解答

《黑洞问题》拓展思维解答：

解答：5 位数没有单一的黑洞数，但存在循环黑洞数。

5 位循环黑洞数只有以下 3 种情况：

$34256 \rightarrow 41976 \rightarrow 82962 \rightarrow 75933 \rightarrow 63954 \rightarrow 61974 \rightarrow 82962$，[82962，75933，63954，61974]

$64328 \rightarrow 62964 \rightarrow 71973 \rightarrow 83652 \rightarrow 74943 \rightarrow 62964$，[62964，71973，83652，74943]

$49995 \rightarrow 53955 \rightarrow 59994 \rightarrow 53955$，[53955，59994]

《只称一次找出次品球》拓展思维解答：

解答：$n = 5$，$2^5 - 1 = 31$，所以分别在 $\dfrac{1}{31}$，$\dfrac{2}{31}$，$\dfrac{4}{31}$，$\dfrac{8}{31}$ 处弄断即可。

《等分阴阳图的方法》拓展思维解答：

1. 在纸上画出一条线段 AB。过点 B 作 AB 的垂线；

2. 用圆规在垂线上截取 BC=AB/2，连接 AC；

3. 用圆规以 C 为圆心，以 CB 的长度为半径画弧，交 CA 于点 D。

用圆规以 A 点为圆心，以 AD 的长度为半径画弧，交 AB 于点 E，则点 E 为线段 AB 的黄金分割点。

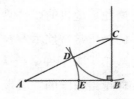

3

故事中的数学原理

草船借箭

　　读过古典名著《三国演义》的人都知道"草船借箭"的故事。故事描述周瑜为陷害诸葛亮，故意提出限 10 天造十万支箭的要求，机智的诸葛亮一眼识破这是一条害人之计，却淡定表示"只需要 3 天"。诸葛亮算定了 3 天内必有大雾，便借鲁肃 20 只草船驶往曹营，曹操生性多疑，怀疑雾中有埋伏，便令以乱箭射之。待至日高雾散，诸葛亮令收船急回，船轻水急，曹操追之不得，使诸葛亮终于借足十万支箭，立下奇功，同时又挫败了周瑜的暗算。故事表现了诸葛亮有胆有识，才智过人，受到后人的赞

张婷　绘

美，因而引申创作了许多成语趣闻、戏剧表演，推动着智慧的启迪与发展。现在诸葛亮已成为智慧的化身。

那么，"草船借箭"显示了诸葛亮的哪些学问呢？气象学、地理学、心理学、数学……差一样，箭也借不来。

诸葛亮琢磨，这两天的天气有点儿发闷，江水气温回升，到夜里，温度骤然下降，嗯……3 天内必有漫天大雾。这，算是气象学吧？

不熟悉地理也不行。沿江逆流而上，天还下雾，从东吴营盘到曹操水寨，怎么走，走多少时间，距离多远，都得知道。离曹营远了不行，放箭射不到，全掉江里了，那不白去了吗？离近了也不行，人家有巡逻船，被发现了，一包围，全成了俘虏了。

那么距离多远才合适呢？以箭的射程为准。过去常说"百步穿杨"，有效射程一百步，超过一百步，箭就没劲了，扎不到草人上了。咱们平常走 13 步，相当 10 米，1 步不到 1 米，百步也就合 80 多米。

20 只大船，一字排开，军卒击鼓呐喊，船的四面是草人儿包着，这声音就发闷了。实际上离曹营才 80 多米，听起来，好象有四、五百米远呢。

曹操吓坏了，一看：大雾弥江，不知来了多少敌军。不能贸然出兵，只能以守为攻。他把水旱两寨的弓箭手全调出来，朝声音传来的方向使劲儿放箭。嗖嗖嗖，曹兵一通儿猛射，看谁射得快，看谁射得多，整一个射箭大比赛！诸葛亮把对方的心理状态掌握得多清楚。心理学嘛！

不过，最重要的其实是数学！不懂数学，就麻烦了，不但箭借不回来，说不定还会全军覆没。

首先得算一支箭有多重，按十六两制，一支箭大约四

两吧，10万支就两万五千斤哪！20只大船，每只平均负荷
一千二百五十斤，再加点儿富余，每只船要承受一千五百斤的重
量。曹营放箭，也不是按船分配的，必然有的船上多，有的船上
少。因此，还得加点保险系数，每只船得能负重两千斤才行。不
光重量，还有面积哪，所以说，要多大的船，扎多少草人，承受
多少支箭，多大份量……这些，不算行吗，算是什么？数学呗！

　　还有一个很重要的问题：船一字排开，得两面儿受箭才行，
要是光一面受箭，10万支箭全射一边儿，那……船就翻了。所
以船要及时调头才行。

　　这船什么时候调头呢？怎么才能掌握时间、重量呢？亲自观
察一下？如蝗的箭飞来，立马被射成"刺猬"了，这可不行。诸
葛亮早有打算，准备了一个"水平仪"。那年月哪来的水平仪？
诸葛亮这个土"水平仪"很简单，上船的时候，不是把鲁肃拽来
了吗？俩人在船舱里对酌饮酒。关键就在这酒上，这杯酒就是
"水平仪"。酒倒七成满，草人儿受箭越来越多，船也越来越偏。
船一偏，酒在杯里也偏了，船偏多少，酒偏多少，船两边受箭重
量平衡了，杯里的酒也平稳了。诸葛亮这学问多大！要不以这杯
酒当测量的标准来掌握平衡，非坏事儿不可。如果觉着船有点儿
偏，亲自去外面观察，嘣嘣嘣！转眼就成刺猬了。

　　所以说，诸葛亮的《草船借箭》，离不开数学知识。

　　"草船借箭"解释为运用智谋，凭借他人的人力或财力来达
到自己的目的。军事家诸葛亮巧妙地运用了"草船借箭"来获取
了足够的箭支，以满足己方的战时需求，这实际上也是数学中的
构造法在解决实际问题上的一个典型事例应用。诸葛亮能够根据
所需箭支的数量，充分分析当时的天气变化，制定所需船只的多
少来达到既定的箭支"借用"数量，从而来满足既定的作战需

求。所谓构造法是数学中的一种重要思想方法，它在数学解题中被广泛运用，其原理是通过对问题的观察、分析，抓住特征，联想熟知的数学模型，然后变换命题，恰当地构造新的模型，来达到解题目的方法。

韩信点兵的故事

　　韩信是中国汉代一位有名的大将。他少年时就父母双亡，生活困难，曾靠乞讨为生，还经常受到某些无赖泼皮的欺凌，胯下之辱讲的就是韩信少年时被泼皮强迫从胯下钻过的事。后来他投奔刘邦，展现出他杰出的军事才能，为刘邦打败楚霸王项羽立下汗马功劳，开创了刘汉皇朝四百年的基业。民间流传着一些以韩信为主角的有关聪明人的故事，韩信点兵的故事就是其中的一个。

　　相传有一次，韩信率1500名将士与楚王大将李锋交战。双方大战一场，楚军不敌，败退回营。而汉军也有伤亡，只是一时还不知伤亡多少。于是，韩信整顿兵马也返回大本营，准备清点人数。当行至一山坡时，忽有后军来报，说有楚军骑兵追来。韩信驰上高坡观看，只见远方尘土飞扬，杀声震天。汉军本来已经十分疲惫了，这时不由得人心大乱。韩信仔细地观看敌方，发现来敌不足五百骑，便急速点兵迎敌。不一会儿，值日副官报告，共有1035人。他还不放心，决定自己亲自算一下。于是命令士兵3人一列，结果多出2名；接着，他又命令士兵5人一列，结果多出3名；再命令士兵7人一列，结果又多出2名。韩信马上向将士们宣布：值日副官计错了，我军共有1073名勇士，敌人不足五百，我们居高临下，以众击寡，一定能打败敌人。汉军本来就信服自己的统帅，这一来更相信韩信是"神仙下凡""神机妙算"，于是士气大振。一时间旌旗摇动，鼓声喧天，汉军个个奋勇迎敌，楚军顿时乱作一团。交战不久，楚军大败而逃。

张婷　绘

战事结束后，部将好奇地问韩信："大帅是如何迅速地算出我军人马的呢？"韩信说："我是根据编队时排尾的余数算出来的。"

韩信到底是怎么算出来的呢？

这是中国古代流传于民间的一道趣味算术题，叫做"韩信点兵"。

明朝数学家程大位在《算法统宗》中把方法总结为一首通俗易懂的歌诀：

三人同行七十稀，五树梅花廿一枝，

七子团圆正半月，除百零五便得知。

其中正半月是指15，这个口诀把3，5，7，70，21，15及105这几个关键的数都总结在内了。详细说，歌诀的含义是：用3除的余数乘70，5除的余数乘21，7除的余数乘15，相加后再

113

减去（"除"当"减"讲）105 的适当倍数，就是需要求的（最小）解了。

题中 3 人一列多 2 人，用 2×70；5 人一列多 3 名，用 3×21；7 人一列多 2 人，用 2×15，三个乘积相加：

2×70+3×21+2×15=233

用 233 除以 3 余 2，除以 5 余 3，除以 7 余 1，符合题中条件。但是，因为 105 是 3、5、7 的公倍数，所以 233 加上或减去若干个 105 仍符合条件。这样一来，128、338、443、548、653……都符合条件。总之，233 加上或减去 105 的整数倍，都可能是答案。韩信根据现场观察，选择了和 1035 最接近的数字 1073。

诗歌里的 70，21，15 又是怎么得来的呢？

70 是 5 和 7 的公倍数，除以 3 余 1；

21 是 3 和 7 的公倍数，除以 5 余 1；

15 是 3 和 5 的公倍数，除以 7 余 1。

中国有一本数学古书《孙子算经》也有类似的问题："今有物，不知其数，三三数之，剩二，五五数之，剩三，七七数之，剩二，问物几何？"答曰："二十三。"

术曰："三三数之剩二，置一百四十，五五数之剩三，置六十三，七七数之剩二，置三十，并之，得二百三十三，以二百一十减之，即得。凡三三数之剩一，则置七十，五五数之剩一，则置二十一，七七数之剩一，则置十五，即得。"

什么意思呢？用现代语言来解释这个解法就是：

首先找出能被 5 与 7 整除而被 3 除余 1 的数 70，被 3 与 7 整除而被 5 除余 1 的数 21，被 3 与 5 整除而被 7 除余 1 的数 15。如果所求的数被 3 除余 2，那么就取数 70×2＝140，140 是被 5

与 7 整除而被 3 除余 2 的数。如果所求数被 5 除余 3，那么取数 21×3 = 63，63 是被 3 与 7 整除而被 5 除余 3 的数。如果所求数被 7 除余 2，那就取数 15×2=30，30 是被 3 与 5 整除而被 7 除余 2 的数。

140 + 63 + 30=233，由于 63 与 30 都能被 3 整除，所以 233 与 140 这两数被 3 除的余数相同，都是余 2，同理 233 与 63 这两数被 5 除的余数相同，都是 3，233 与 30 被 7 除的余数相同，都是 2。所以 233 是满足题目要求的一个数。105 是 3、5、7 的公倍数，前面说过，凡是满足 233 加减 105 的整数倍的数都是符合题意的，因此依定理译成算式解为：

$$70 \times 2 + 21 \times 3 + 15 \times 2 = 233$$

$$233 - 105 \times 2 = 23$$

这就是有名的"中国剩余定理"，或称"孙子定理"，它和韩信点兵是一个道理。

一般，有物不知其数，三三数之剩 a，五五数之剩 b，七七数之剩 c，问物几何？

解答：$s = 70a + 21b + 15c + 105k$

比如，一篮鸡蛋，3 个 3 个地数余 1，5 个 5 个地数余 2，7 个 7 个地数余 3，篮子里有鸡蛋一般是 52 个。算式是：

$$1 \times 70 + 2 \times 21 + 3 \times 15 = 157$$

$$157 - 105 = 52（个）$$

1247 年南宋的数学家秦九韶把《孙子算经》中"物不知其数"一题的方法推广到一般的情况，得到称之为"大衍求一术"的方法，在《数书九章》中记载。这个结论在欧洲要到 18 世纪才由数学家高斯和欧拉发现。所以世界公认这个定理是中国人最早发现的，特别称之为"中国剩余定理"。

该定理用现在的语言表达如下：

设 $d_1, d_2, \cdots, d_n$ 两两互素，设 s 分别被 $d_1, d_2, \cdots, d_n$ 除所得的余数为 $r_1, r_2, \cdots, r_n$，则 s 可表示为

$$s = k_1 \cdot d_1 + k_2 \cdot d_2 + \cdots + k_n \cdot d_n + kD$$

其中 D 是 $d_1, d_2, \cdots, d_n$ 的最小公倍数；k_i 是 $d_1, \cdots, d_{i-1}, d_{i+1}, \cdots,$ d_n 的公倍数，而且被 d_i 除所得余数为 1；k 是任意整数。

要注意的是，用上述定理时，$d_1, d_2, \cdots, d_n$ 必须两两互素。前面的问题中，3，5，7 是两两互素的，所以"三三数，五五数，七七数"得余数后可用此公式。但"四四数，六六数，九九数"得余数后就不能用此公式，因为 4、6、9 并不是两两互素的。

"中国剩余定理"不仅有光辉的历史意义，直到现在还是一个非常重要的定理。1970 年，年轻的苏联数学家尤里·马季亚谢维奇（28 岁）解决了希尔伯特提出的 23 个问题中的第 10 个问题，轰动了世界数学界。他在解决这个问题时，用到的知识十分广泛，而在一个关键的地方，就用到了我们的祖先 1000 多年前发现的这个"中国剩余定理"。

尤里·马季亚谢维奇

有趣的应用

某单位有 100 把锁，分别编号为 1，2，3，…，100。现在要对钥匙编号，使外单位的人看不懂，而本单位的人一看见锁的号码就知道该用哪一把钥匙。

能采用的方法很多，其中一种就是利用中国剩余定理。把锁的号码被 3，5，7 去除所得的 3 个余数来作钥匙的号码（首位余数是 0 时，也不能省略）。这样每把钥匙都有一个 3 位数编号。

　　例如 23 号锁的钥匙编号是 232 号，52 号锁的钥匙编号是 123 号，8 号锁——231，19 号锁——145，45 号锁——003，52 号锁——123。

　　因为只有 100 把锁，不超过 105，所以锁的号与钥匙的号是一一对应的。

　　如果希望保密性再强一点，则可以把刚才所说的钥匙编号加上一个固定的常数作为新的钥匙编号系统。甚至可以每过一个月更换一次这个常数。这样，仍不破坏锁的号与钥匙的号之间的一一对应，而外人则更难知道编号了。

一条神奇的曲线——摆线

　　摆线是数学中众多的迷人曲线之一。它是这样定义的：一个圆沿一直线缓慢地滚动，则圆上一固定点所经过的轨迹称为摆线。

　　摆线也称旋轮线。

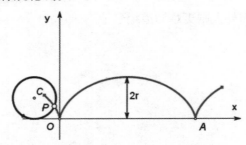

　　作为数学中最迷人的曲线之一，摆线吸引了众多数学家的注意。

　　摆线最早见于 1501 年出版的 C·鲍威尔的一本书中。17 世纪，大批杰出的数学家（如伽利略、帕斯卡、托里拆利、费马、惠更斯、约翰·伯努利、莱布尼兹等）热衷于发现这一曲线的性质。伴随着许多研究，也出现了许多争议。于是，摆线又被人称为"几何中的海伦"，堪比希腊神话中引发争议的"金苹果"。

　　下面我们介绍几位重要数学家对摆线性质的研究，并顺便谈谈围绕着摆线发生的有趣的故事。

　　伽利略（1564—1642）是最早研究摆线的人之一。

　　摆线的一拱与其底线所围的面积恰好是这个圆的面积的 3 倍。这个结论最早是由伽利略发现的。不过，在没有微积分的时

代，计算曲线下方的面积几乎是一件不可
能完成的任务。伽利略是如何求出旋轮线
下方的面积的呢？

在试遍了各种数学方法却都以失败告
终之后，伽利略用物理实验的方法测出了
图形的面积：

他在金属板上切出旋轮线的形状，拿
到秤上称了称，发现重量正好是对应的圆
形金属片的 3 倍。

伽利略

摆线的等时性

荷兰著名数学家、物理学家惠更斯（1629—1695）最早发
现摆线的一个有趣且重要的性质——等时性：

两个小球从摆线上任意两相异点出发，在重力作用下沿摆线
向下滑，总是同时到达摆线的最低点。

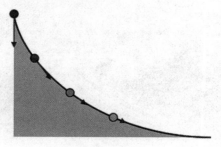

摆线的等时性

一个符合数学要求的滑板溜碗赛场，应该两边是符合"等时
曲线"的形状。如果你在这种赛场和人较劲，那么你可以放心，
无论他们踩着什么器材，大家到坡底的耗时都是一样的。如果形
状不如意，那么你最好别沿着坡度直接下去，最好滑出一道最速

曲线的轨迹。

2012 年悉尼碗池滑板大赛

最速降线

关于摆线的另一重要特性的发现更具趣味性。

滑滑梯

谁都见过儿童乐园的滑梯。滑梯有各种各样的形状，孩子们从上面飞速滑下，不亦乐乎！但你是否想过：什么形状的滑梯，才能以最短的时间到达地面呢？

1696 年 6 月，著名数学家约翰·伯努利在莱布尼兹的杂志

《教师学报》上刊登了一个挑战问题：已知垂直平面上两点 A、B，欲求一条路径，使一动点在其自身重力作用下沿此路径从 A 滑到 B 所用时间最短（不考虑摩擦力和空气阻力）。

计算 A 到 B 最短时间的几种路径

会不会是第一种直线的方式呢？无论如何，我们都知道这是两点之间最短的路径。所以珠子需要移动的距离是最短的；

会不会是第二种抛物线形式的路径最快？抛物线是种水平位移与垂直运动成平方关系的运动路径，更符合物体在自然界重力作用下的坠落轨迹；

还有第三种跳台滑雪式的路径，它会是最快的一个么？走这种路径有个优势，就是在一开始会获得较高的加速度，当加速度达到最大的时候，把这种优势转化为较短的时间滑过后半程的水平位移上。

是不是还有种可能，实际上对于下坠来说，其实路径根本就无所谓？你看，反正是能量守恒的事情，同等高度的情况下，珠子具有的势能也是一样的，那么最后获得的动能也是一样的，那么我们能不能说其实路径的选择对速度是没有影响的？

最后，是否还有其他的可能，比如一个完美的圆弧？

约翰·伯努利指出："尽管直线段 AB 是两点间的最短连线，但是并不是最速降线。这条曲线是一条您很熟悉的几何曲线。如果在年底之前还没有其他人能够发现这一曲线，我将公布这条曲线的名称。"

1696 年底，到最后期限截止时，他只收到了"著名的莱布尼兹"寄来的一份答案，并且，莱布尼兹"谦恭地请求我延长最后期限到复活节，以便在公布答案时没有人会抱怨说给的时间太短了。"我不仅同意了他的请求，而且还决定亲自宣布延长期限，看看有谁能够在这么长时间之后最终解出这道绝妙的难题。并且这一次征解的对象是"分布在世界各地的所有最杰出的数学家"。

1697 年 1 月 29 日下午 4 点，已到造币局任职并基本停止了创造性数学研究活动的牛顿精疲力竭地回到家时，发现挑战书——带有贝努利问题的来信——摆在面前。牛顿当即投入到攻克这一难题的研究之中。直到解出这道难题，他才上床休息。这时已是凌晨 4 点钟。

挑战期限截止时，约翰一共收到 5 份答案，其中 4 份是他自己与莱布尼兹、雅各布、洛必达的，第五份来自英国，发现答案是匿名的，但却完全正确。据说，约翰看后，敬畏地放下答案，说："从利爪中我认出了雄狮。"

答案确实是一条"几何学家所熟知的曲线"，对此，约翰用一种夸张的口吻写到："……如果我明确说出惠更斯的……这一**摆线**就是我们所寻求的最速降线，你们一定会惊呆了。"

史载是牛顿第一个找到了正确解法和答案。伽利略几十年前已经给出了自己的结论，但由于手里没有微积分，得出了错误的答案，所以咱也别感惭愧，不知道也很正常。

摆线模型

　　图中有三条轨道，一条是直线，一条是任意曲线，一条是摆线。虽然摆线的距离最长，但球从摆线滑下所用的时间最短，所以摆线又叫最速降线。

　　物体沿轨道下降的速度不是简单地只取决于轨道的长度，而且还要取决于轨道的形状。这 3 个球下落是重力作用的结果，球所受重力沿轨道切线方向的分量越大，下落的速度就越快，而摆线轨迹是一条圆滚曲线，它的轨迹比较陡峭，重力在它切线方向上的分量比较大，球的下落速度比较快，先到达终点，而直线和另一条曲线的轨道虽然短，但球下落的速度较摆线上的球下落速度慢，因此较后到达终点。

滑雪路径中的最速曲线原理

　　在竞技体育上的作用。如果你是一个滑雪运动员，目标是最短时间冲线，你根本就不要在乎两点间的最短路径，而应该是走最快路径。所以，如果你沿着最速曲线的路径下滑，你会获得更多的加速度优势。

过山车的最速曲线原理

最速曲线对于建造过山车有重大的指导意义，那些造过山车的工程师总要绞尽脑汁在有限的垂降距离里，尽快达到最高速度刺激你。

数学中还有很多神奇的曲线，如对数螺线、阿基米德螺线、圆的渐开线、悬链线、变幅摆线、蜗线、双纽线、玫瑰线、心形线……它们也有很多有趣的故事。在下一个故事里，给大家讲一讲悬链线。

有趣的悬链线

达·芬奇（1452—1519）不仅是意大利著名的画家，他画的《蒙娜丽莎》带给了世界永恒的微笑，而且还是数学家、物理学家和机械工程师，他学识渊博，多才多艺，几乎在每个领域都有他的贡献，他还是数学上第一个使用加、减符号的人，他甚至认为："在科学上，凡是用不上数学的地方，凡是与数学没有交融的地方，都是不可靠的。"他本人在创作《蒙娜丽莎》时，认真地研究了主人公的心理，做了各种精确的数学计算，来确定人物的比例结构，以及半身人像与背景间关系的构图问题。当我们欣赏着他的《抱银貂的女人》中脖颈上悬挂的黑色珍珠项链时，我们注意的是项链与女人相互映衬的美与光泽，而不会像达·芬奇那样去苦苦思索这样一个问题：固定项链的两端，使其在重力的作用下自然下垂，那么项链所形成的曲线方程是什么？

《抱银貂的女人》

这就是著名的悬链线问题。遗憾的是，达·芬奇还没有找到答案就去世了。

悬链线实例

看到上图中的曲线，也许你怎么看都会想到抛物线。其实，你只是重复了历史上数学家的错误而已。17世纪意大利著名天文学家伽利略（1564—1642）、荷兰著名数学家吉拉尔（1595—1632）都曾误认为链条的曲线是抛物线。连雅各布·伯努利这样的一流数学家都一筹莫展。后来，德国大数学家莱布尼茨（1646—1716）正确地给出了铁链的曲线方程，称之为双曲余弦曲线。接着，雅各布·伯努利的弟弟约翰·伯努利（1667—1748）也成功解决了悬链线问题，当时年仅24岁。

悬链线方程需要用到一个重要的常数e（自然对数的底），直到18世纪初才由瑞士数学家欧拉确定下来，而达·芬奇生活在两个世纪前，所以他自然无法确定那根项链的曲线方程了。

法国著名昆虫学家法布尔（1823—1915）在其著名的著作《昆虫记》一书第九卷中有一段文字专门讲e这个神奇的数："每当地心引力和扰性同时发生作用时，悬链线就在现实中出现了。当一条悬链弯曲成两点不在同一垂直线上的曲线时，人们便把这曲线称为悬链线。这就是一条软绳子两端抓住而垂下来的形状；这就是一张被风吹鼓起来的船帆外形的那条线条，这就是母山羊耷拉下来的乳房装满后鼓起来的弧线。而这一切都需要 e 这个数。""一小段线头里有多么深奥的科学啊！我们不要对此感到惊奇。一个挂在线端的小铅丸，一滴沿着麦秸淌的露水，一洼被微风轻拂吹皱的水面，总之，随便什么东西，当必须加以计算的时候，都要用上大量的数字。我们要有海格立斯的狼牙棒，才能够降伏一只小飞虫。""现在，这个奇妙的数 e 又出现了，就写在蜘蛛丝上。在一个浓雾弥漫的清晨，让我们检视一下夜间刚刚织好的网吧。黏性的蜘蛛丝，负着水滴的重量，弯曲成一条条悬链线，水滴随着曲线的弯曲排成精致的念珠，整整齐齐，晶莹剔透。当阳光穿过雾气，整张带着念珠的网映出彩虹般的亮光，就像一丛灿烂的宝石。e 这个数是多么的辉煌。"

蜘蛛网中的悬链线

瞧！连蜘蛛网都有如此美丽的时刻，那么这个世界如以数学的眼光去看，甭提有多美了。谁会有理由不热爱这个世界，热爱自己的生命，热爱人间的烟火呢？

你们小时候也许都吹过肥皂泡吧！信不信由你，介于空中两个平行圆面之间的肥皂膜就是上面的悬链线绕一条轴旋转而成的旋转体。

肥皂泡

乡间旅行时，你看到过石拱桥吗？石拱是什么形状的？也许你会说，是半圆形。如果你是学建筑的，这样幼稚的问题当然难不倒你。20世纪60年代以来，西方桥梁建筑中出现了先进的悬链线形拱桥，被誉为坚不可摧。连建筑学也与 e 攀上亲戚，这的确令人惊叹不已。悬链线拱桥之所以牢固，是因为在静载条件下，各载面的弯矩均为零，这使得桥面能够承受巨大的重量。

我国古人对悬链线的应用最早可追溯到绍兴的迎仙桥，它位于刘门坞附近的惆怅溪上，是我国首次发现的桥拱近似于悬链线的古石拱桥。尽管悬链线型拱桥在20世纪50年代才从国外引入我国，但是随着迎仙桥的发现，以及其他几座类似拱桥的发现，足以证明我国的工匠在明、清时代就已经发明和掌握了这一技术，并应用于桥梁的建造之中，只是由于我们没有发现相关的文字记载，才无缘于它的发明权。然而，迎仙桥在经历了数百年的岁月与时光的穿行后，至今安然无恙，也足见其结构的科学性和技术的高超。

　　另一个值得提及的建筑是位于美国密苏里州的圣路易斯的标志性建筑——拱门，这座 20 世纪 60 年代建成的 Gateway Arch（拱门）是为了纪念美国西部大开发而建的纪念碑，也是通向美国西部之门。

绍兴古桥——迎仙桥

圣路易斯拱门

　　这个高 192m 的"大拱门"类似我国甘肃的嘉峪关，出了嘉峪关就会有一种"西出阳关无故人"的凄凉感。而在早年的美国，人们也普遍认为圣路易斯是通向西部的门户。拱门如长虹一般飞架于大地之上，光彩夺目，气势磅礴，沉稳雄伟。开始时，拱门设计的是抛物线型，后来，出于美学和稳定性考虑，改成了上下颠倒的悬链线型。也正是因为它独特的设计形状，拱门即使遇到时速 80 千米的大风，其摆动幅度也只是微乎其微，甚至在遭遇了数百次雷击后，仍然没有任何损坏。

看美剧学数学

《数字追凶》（Numb3rs）是一部美国悬疑剧情电视剧，讲的是一个应用数学系的教授，运用数学知识帮助FBI破案的故事，每集一个案件，涉及不同的数学知识，每次都有很复杂的数学公式。虽然你可能看不明白那些公式，但是这部剧集做得非常专业，里面穿插了很多视觉的解释，把复杂的公式生活化、简单化，道理就像爱因斯坦给别人解释相对论那样，让你真正感觉到数学无处不在。

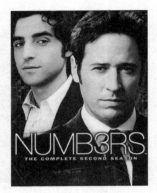

《Numb3rs》海报

Don Eppes 是洛杉矶 FBI 探员，他和他那具备超乎常人头脑的数学天才弟弟 Charlie 一起侦破了在洛杉矶发生的大范围严重罪案。Numb3rs 通过真实的事例，反映数学理论是如何被应用到警方的调查之中，从而破解一件件匪夷所思的罪案。

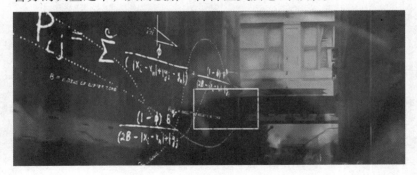

《Numb3rs》剧情截图

We all use math everyday: to forecast weather, to tell time, to handle money; we also use math to analyze crime, reveal patterns, predict behavior. Using numbers we can solve the biggest mysteries we know.

这个图片是美剧 Numb3rs 的一个经典画面，展示出一个数学家眼前的世界。上面这段话也非常经典，它告诉我们数学无处不在。

下面简单介绍一下开篇第一集的内容。

一个城市里发生了连环杀人事件，FBI 探员 Don Eppes 负责调查此案。Eppes 工作非常忙，为了充分利用时间，他把案件的资料带回了家。他的天才弟弟 Charlie 看到了其中一份案件资料——一张标有 13 个受害人被害地点的地图。Charlie 是一个应用数学家，他告诉哥哥自己可以帮助他。Don 回答："虽然你曾帮助我破过几次经济案件，但这次的案件与数字无关，你帮不上忙。"Charlie 说："你错了，数学无处不在，Everything is numbers。"他把他哥带到屋外灌溉草坪用的喷水器旁边说："我们知道喷水器的位置，并且测量出水压、气压、风力等一切参数，那么我们完全可以计算出每个水滴精确的落点；反过来，如果我们已经知道每个水滴落地的时间和位置，我们可以用数学方法推算出喷水器的位置，并预测下一个水滴将出现在什么地方。同样地，连环杀手犯案的时间和地点也受到地形、街道、人口、警力部署和他自身心理等等的影响。这些参数可以从 FBI 的资料中得到，比如我们可以从被害者的伤口形状和深浅看出凶手当时的心理状态。建立适当的数学模型，我可以推算出他的居住地和下一次凶案发生的地点。"

《Numb3rs》剧情截图

应用数学家 Charlie 就这样开始了案件分析。Charlie 从以往的资料中找到了一般连环杀手选择凶案地点的模式：凶案现场不会离他家太近以免遭到警方嫌疑，同时凶手也不会走得太远；凶手会潜意识地避免在大致相同的地点犯案，以免产生固定的模式。根据这些假设，Charlie 推算出了凶手所住的地方。故事总是一波三折，FBI 的调查表明 Charlie 算出的地点是错误的。这个模型哪里有问题？

《Numb3rs》剧情截图

经过几天思考后，Charlie 带着他的新发现来到 FBI 办公室。他说："我的模型是正确的，但数据错了。假设凶手确实住在那里，我构造的一个新算法可以返回去算出某时某地发生凶案的概率。对于已经发生的这十几起凶杀案，算法得到的概率几乎都大于 70%；而其中一个案件却不符合这个模式，被害者在那里遇害只有 2% 的可能。看来你们需要重新调查这个案件，目击者很可能隐瞒了什么。

　　FBI 再次拜访目击证人，证实了 Charlie 的猜想。目击者确实撒了谎，因为她不想让她的未婚夫知道她去哪里了。她说出了案件发生的真实地点，这个地点完全符合凶手的模式。这是 Charlie 的数学模型第一次发挥了作用。重新应用 Charlie 的模型，FBI 得到了一个新的"可疑区域"，这个区域里的人数比较多，需要一个一个调查。

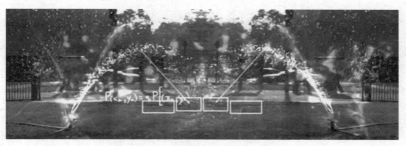

《Numb3rs》剧情截图

　　但很快，区域中的所有人都排除了嫌疑，FBI 决定在更大的范围内搜寻目标。这预示着 Charlie 的模型还有问题。是哪里有问题？算法错了？计算错了？直到他走进了他的办公室才恍然大悟，骂自己笨得居然没有想到这个：普通人的活动范围并不只是以居住地为中心，大多数人都过着两点一线的生活。凶手很可能在工作和家之间来往。模型和算法都没错，只是最初的假设错了——喷水器不是一个，而是两个。被害者遇害地点的模式并不只是由一个中心点决定的，而是由一个"工业区—居住区"的哑铃形区域确定。

《Numb3rs》剧情截图

新的结果很快打印了出来。根据新的可疑区域，FBI 找到了凶手的住处和新的作案地点，并及时救出了受害者，证实了 Charlie 的这一想法。剧情结尾，Charlie 再一次感叹：Everything is numbers。Numbers，numbers，numbers……屏幕上的画面随着似有似无的回声淡出。

看了《数字追凶》（NUMB3RS），你就会明白，原来数学与生活是如此息息相关。如果你还没有看过这部美剧，现在一定有一睹为快的冲动吧？那还等什么呢，马上去看吧！

《侏罗纪公园》中的数学家

大家一定看过美国科幻大片《侏罗纪公园》，无论是情节设计还是特效制作，都堪称经典，只是影片的角色设计有些令人困惑：主角里面居然有个数学家！

影片里有投资者、古生物学教授、遗传学家等，都是很自然的事情，那么，数学家在电影里面干什么呢？难道有什么数学问题需要他解决吗？

《侏罗纪公园》是一部1993年的科幻冒险电影，影片主要讲述了哈蒙德博士召集大批科学家利用凝结在琥珀中的史前蚊子体内的恐龙血液提取出恐龙的遗传基因，将已绝迹6500万年的史前庞然大物复生，使整个努布拉岛成为恐龙的乐园，即"侏罗纪公园"。但在哈蒙德带孙子孙女首次游览时，恐龙发威了。

不幸的事情果然发生了。虽然公园有电脑系统管理，但却因

《侏罗纪公园》剧情截图

为被员工破坏而造成了无法挽救的失控场景：所有的恐龙逃出了控制区，人们纷纷逃窜却逃不过恐龙的魔爪。恐龙自相残杀，人们亦死伤无数，最后幸存者寥寥，只有 4 人逃出生天。努布拉岛上空弥漫着恐怖的气息。

一部科幻电影如果没有科学，只有惊险的情节，那它是不能被称为科幻电影的。《侏罗纪公园》不是一部单纯炫耀卖弄技术的电影，"**混沌理论**"的思考，正是这部电影的灵魂所在。

数学家马康姆是全片的灵魂人物，通过他的谈话，一步步向我们揭示了一个复杂系统的不可控制性。

"是的。但令人惊讶的是，很少有人愿意静下来听，"马康姆说道，"早在哈蒙德破土动工以前，我就把这个信息告诉他了：你打算用遗传工程来繁殖一批史前动物，并将其置于一座小岛上吗？很好。这是一个美丽的梦想，很迷人。但它不会按照你的计划发展的。它就像天气一样，涉及固有的不可预测性。"

"你对他说过这些了？"金拿罗问道。

"说过。我还告诉过他什么地方会出现偏差。显然地，动物

《侏罗纪公园》剧情截图

对环境的适应就是一个因素。这只剑龙有一亿岁了，它不适合我们的世界。空气改变了，太阳幅射量改变了，陆地改变了，昆虫改变了，声音改变了，植被改变了。一切都改变了。空气中氧的含量已减少。这只可怜动物的处境就像一个人被搁在一万英尺的高度上一样。你听听它喘得那么厉害。"

"还有其他因素呢？"

"笼统地来说，还有公园对生命形态滋蔓的控制能力。这是因为进化史就是一部生命逃脱一切障碍的历史。生命挣脱出来，获得自由。于是生命扩张到新的领地。这过程是痛苦的，也许甚至是充满危险的。但生命却找到了出路。"马康姆摇了摇头。"我并不想说得充满哲学味，但情况就是这样。"

影片的主题是很悲观的，混沌理论向我们揭示了"人类用科学控制一切"这个幻觉的破灭。"生命会找到出路"，只是看上去比较乐观的表达方式，科学在这个句式里是无力的。

影片表达了作者对科技带来的人类生存系统冲击的担忧，并以血的残酷警示着那些自认为可以将自然踩在脚下的人们。混沌理论用来解释为什么细小的变动会危及到人类的生存，在系统之中，任何一个细小的改变对以后的结果都会产生指数级的影响，因此，在人们难以将影响自然及人类发展的因素都一一研究透彻之前，妄图去改变任何一个方面都可能会导致系统的崩溃。

蝴蝶效应与混沌理论

"巴西丛林一只蝴蝶偶然扇动翅膀，可能会在美国得克萨斯州掀起一场龙卷风"，1972 年，美国麻省理工学院教授、混沌学开创人之一 E.N. 洛伦兹在美国科学发展学会第 139 次会议上发表了题为《蝴蝶效应》的论文，这个貌似荒谬的论断，最终产生了当今世界最伟大的理论之一"混沌理论"。混沌理论是研究如何把复杂的非稳定事件控制到稳定状态的方法，它彻底粉粹了对"因果决定论可预测度"所存的幻想。

1997年3月，当国际货币基金组织（IMF）正在对东南亚国家的金融状况备加称赞的时候，一只来自美国华尔街的"大蝴蝶"突然振动翅膀，骤然掀起了泰国、印尼的金融风暴，随即引发了整个东南亚的金融大危机，这只"大蝴蝶"就是金融大王索洛斯，这场金融风暴持续1年之久，让亚洲甚至全世界的人们都为之惊骇，使IMF及西方7国也束手无策，让人们真正领略了什么是"蝴蝶效应"，也让全世界的人们深刻体会到了，蝴蝶效应现象在金融界乃至经济领域的真实存在性和巨大的影响力。

什么是混沌呢？它的原意是表面上看起来混乱无序、不可预测的现象，实际上具有深层次规律性的特殊运动形态，它的特点是对初始条件十分敏感，但内在必须具备"风暴动因"。"混沌学"的任务就是寻求混沌现象的规律，加以处理和应用。混沌的发现和混沌学的建立，同相对论和量子论一样，是对牛顿确定性经典理论的重大突破，为人类观察物质世界打开了一个新的窗口。所以，许多科学家认为，20世纪物理学永放光芒的3件事是：相对论、量子论和混沌学的创立。

在现实生活和实际工程技术问题中，混沌是无处不在的。

马康姆的混沌理论认为危机源自不确定性。一切事物的原始状态都是一堆看似毫不关联的碎片，但是这种混沌状态结束后，这些无机的碎片会有机地汇集成一个整体。他认为因为一些不可预见的情况和潜在的问题，人们无法预测恐龙复活所带来的最终结果。片中的暴虐龙从未接触过外面的世界、监控人员并不清楚它有躲避红外检测的变色能力、防护工事并未考虑在闸门半开时被冲垮的情况……当这些看似毫无关联的偶然碎片，串连成整体后，危机就爆发了。影片中那个被收买的工程师就是那只"蝴蝶"。

混沌理论还有个推论是"能量永远会遵循阻力最小的途径找到突破口"。危机有其自身的生命力，总会寻找到已有制度规则与防控机制中最弱的环节或漏洞。在危机爆发前，所有人都不知道它将以什么为突破口（片中各种"万无一失"的防护机制被逐个击溃），以往的经验教训（旧《侏罗纪公园》的失败教训）只能防止再次发生同样或类似的危机，但是新的危机却总会出现在尚未设想到的地方（转基因创造出的暴虐龙具备惊人智力），并造成更大的破坏。

"蝴蝶效应"的特点就是"对初始值的极端不稳定"，即所谓"差之毫厘，谬以千里"。在混沌系统中，初始条件十分微小的变化经过不断放大，对其结果会造成极其巨大的差别。我们可以用西方流传的一首民谣对此进行形象地说明。这首民谣说：

> 丢失一个钉子，坏了一只蹄铁；
>
> 坏了一只蹄铁，折了一匹战马；
>
> 折了一匹战马，伤了一位骑士；
>
> 伤了一位骑士，输了一场战斗；
>
> 输了一场战斗，亡了一个帝国。

马蹄铁上一个钉子是否会丢失，本是初始条件十分微小的变化，但其结果却是一个帝国的存亡。这就是在军事和政治领域中的蝴蝶效应。

《盗梦空间》中的数学

　　好莱坞大片《盗梦空间》的热映，不仅唤起了人们对梦境之谜的好奇心，而且还激发了人们对数学的兴趣。《盗梦空间》中大量运用了数学知识，许多假设和现象其实都来源于现代数学中的几何研究。

《盗梦空间》电影海报

　　影片中最令观众惊叹和称奇的部分就是柯布教授向阿瑞达妮演示迷宫的部分。在这里一共出现了 3 个迷宫。

　　柯布的助手阿瑟向阿瑞达妮演示了一个"无限的楼梯"。阿瑞达妮走了 4 段，一直感觉向上，实际上走了一个死圈，似乎这个楼梯永远也走不完。这其实便是画

《盗梦空间》中的迷宫

家埃舍尔著名的旋转楼梯。

　　这种不可能出现的物体来自于将三维物体描绘于二维平面时出现的错视现象，来自于英国数学物理学家罗杰·潘洛斯。

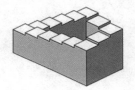
Penrose stairs

Penrose triangle

荷兰艺术家埃舍尔的版画《瀑布》体现了类似的意境。

《瀑布》

　　埃舍尔把自己称为一个"图形艺术家"，他擅长利用人的视觉错误，让他的作品在三维空间里游戏。曾有人说，埃舍尔代表了非欧几何时代的空间感知觉，其基本特征是空间的弯曲。

　　在面试的时候，柯布让阿瑞达妮画迷宫以测其智商，她画的第3个迷宫困住了柯布，这个迷宫是圆圈套来套去，也类似于一条著名的环形蛇迷宫。

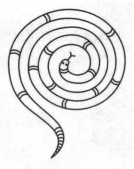

环形蛇迷宫

阿瑟的楼梯和阿瑞达妮画的迷宫，并不复杂，但它们却并不存在于现实世界。用数学上的语言来说，真实的世界是欧氏空间，而梦中的迷宫则是建立在非欧空间之中的。而后柯布教授遇到阿瑞达妮时，她把世界折成了一个盒子状的结构。大地变成了盒子的内表面，天空位于盒子的中心，世界变得像万花筒一样颠来倒去，同样是一种非欧氏空间。

那么什么是非欧几何呢？这还要从欧氏几何讲起。公元前 3 世纪初，古希腊数学家欧几里得在总结前人研究和实践成果的基础上，用演绎法叙述平面几何原理，一般称为"欧氏几何"。欧几里得提出的 5 条基本公理，其中前 4 条是容易理解的，但是，第 5 条平行公理却引起人们的争议。

第五公理是说：两直线被第三条直线所截，如果同侧两内角和小于两个直线，则两直角延长时在此侧会相交。由于第五公理看上去更像是一个定理，所以 2000 多年来，许多数学家都尝试用欧几里得几何中的其他公理来证明第五公理，但是都归于失败。到了 19 世纪初，高斯等数学家认识到这种证明是不可能的，也就是说，平行公理是独立于其他公理的，并且可以用不同的"平行公理"来替代它，于是产生了各种体系的"非欧几何"。

例如，在黑洞和中子星的周围，引力场极为强烈。在这种情况下，欧氏几何无法准确地描述宇宙的情况。但是，这些情况是相当特殊的。在大多数情况下，欧氏几何可以给出十分近似于现实世界的结论。

"非欧几何空间"通俗地说，就是看得到尽头，但走不到尽头。用数学上的语言来说，真实的世界是欧氏空间，而梦中的迷宫则是建立在非欧空间之上。在电影的迷宫设计中，造梦师如果想把一个人困住，就要给他一种无限的错觉。如果是欧氏空间，就是一个平面，只能设计一个很大的圆，但人还是可能跑出去。但如果这是一个非欧空间，如球面，造梦者就可以将敌人永远困在自己设计的梦中。

奇怪的旅店——对"无限"的认识

戴维·希尔伯特，又译大卫·希尔伯特（1862—1943）德国著名数学家。1900 年他提出著名的 23 个数学问题，被称为"数学界的无冕之王"，他是天才中的天才。

希尔伯特在谈到"无穷大"的奇怪而美妙的性质时说了个故事：

我们设想有一家旅馆，而所有的房间都已客满。这时来了一位新客，想定个房间。"对不起。"旅馆老板说，"所有的房间都住满了。"房间数量有限，老板无能为力。

现在再设想另一家旅馆，内设有无限个房间，所有的房间也都客满了。这时也来了一位新客约翰，想订个房间。

大卫·希尔伯特

老板微笑地告诉他说："我们所有房间都住满了客人，不过让我想想办法，或许我最终可以为您腾出一个房间来。"

然后，老板便离开自己的办公台，很不好意思地叫醒了旅客，并请他们换一换房间：他请每个房间的旅客搬到房间号比原来高一号的房间去。

$$
\begin{array}{ccccccc}
1 & 2 & 3 & 4 & \cdots & k & \cdots \\
\downarrow & \downarrow & \downarrow & \downarrow & \cdots & \downarrow & \cdots \\
2 & 3 & 4 & 5 & \cdots & k+1 & \cdots
\end{array}
$$

张婷 绘

这样，第一号房间竟被腾了出来。约翰很高兴搬了进去，然后安顿下来。

大家觉得奇怪：明明该旅店已经客满，为什么店主还能腾出一个房间给这个旅客呢？还有，最后一个房间的客人往哪搬呢？

原因就在于无穷大这个概念本身是个变量，而不是一个确定的数。根本没有"最后"一个房间！

第二天又来了 5 对夫妇度蜜月，无穷饭店能不能接待他们？

可以，老板只不过把每个客人都一一移到高五号的房间中去，空出的 1 到 5 号房就给这 5 对夫妇。

$$
\begin{array}{ccccccc}
\mathbf{1} & \mathbf{2} & \mathbf{3} & \mathbf{4} & \cdots & \mathbf{\mathit{k}} & \cdots \\
\downarrow & \downarrow & \downarrow & \downarrow & \cdots & \downarrow & \cdots \\
\mathbf{6} & \mathbf{7} & \mathbf{8} & \mathbf{9} & \cdots & \mathbf{\mathit{k+5}} & \cdots
\end{array}
$$

周末，又有无穷多个泡泡糖推销员来到这家旅馆开会。无穷饭店可以接待有限数量的新到者能够理解，可是怎么能够再给无穷多旅客找到新房间呢？

也不难！老板只要把每个房间里的客人移到原来号码两倍的房间中去就行了。原来每个房间里的人都住到双号房中，余下的所有单号房间有无穷多个，它们空出来给泡泡糖推销员住！

$$1 \quad 2 \quad 3 \quad 4 \quad \cdots \quad k \quad \cdots$$
$$\downarrow \quad \downarrow \quad \downarrow \quad \downarrow \quad \cdots \quad \downarrow \quad \cdots$$
$$2 \quad 4 \quad 6 \quad 8 \quad \cdots \quad 2k \quad \cdots$$

此时又来了 10 个旅行团，每个旅行团有无穷多个旅客，这下还能安排住下吗？

还是可以的，按如下方法安排就可以了。其中空出的 1~10 号房间给 10 个旅行团的 1 号客人住，12~21 号房间给 10 个旅行团的 2 号客人住……

$$1 \quad 2 \quad 3 \quad 4 \quad \cdots \quad k \quad \cdots$$
$$\downarrow \quad \downarrow \quad \downarrow \quad \downarrow \quad \cdots \quad \downarrow \quad \cdots$$
$$11 \quad 22 \quad 33 \quad 44 \quad \cdots \quad 11 \times k \quad \cdots$$

如果又来了无穷多个旅行团，每个旅行团有无穷多个旅客，这下还能安排住下吗？

仍然可以！

将所有旅行团的客人统一编号排成下表，按箭头进入 1，2，3，4，5…各号房间顺序入住，则所有人都有房间住。

一团：　1.1 → 1.2　1.3　1.4……
　　　　　　　↙　　↙　　↙
二团：　2.1　2.2　2.3　2.4……
　　　　　　↙　　↙
三团：　3.1　3.2　3.3　3.4……

其实，这个问题讲的是集合之间的一一对应关系，我们发现，在无限集中，可以找到一个真子集，和自身构成一一对应，而在有限集中这是不可能的。这正是无限集的基本特征。

例如，我们可以按以下方式构造有理数集和自然数集的一一对应关系：

$$
\begin{array}{ccccccc}
{}^{[18]} & {}^{[5]} & {}^{[4]} & {}^{[0]} & {}^{[1]} & {}^{[10]} & {}^{[11]} \\
\leftarrow -3/1 & -2/1 \leftarrow -1/1 & 0/1 \leftrightarrow 1/1 & 2/1 \rightarrow 3/1 & \cdots \\
{}^{[17]} & {}^{[3]} & {}^{[2]} & {}^{[12]} \\
\cdots -3/2 & -2/2 & -1/2 \leftarrow 0/2 \leftarrow 1/2 & 2/2 & 3/2 \\
{}^{[6]} & {}^{[7]} & {}^{[8]} & {}^{[9]} \\
\cdots -3/3 & -2/3 \rightarrow -1/3 \rightarrow 0/3 \rightarrow 1/3 \rightarrow 2/3 & 3/3 \\
{}^{[16]} & {}^{[15]} & {}^{[14]} & {}^{[13]} \\
\cdots -3/4 \leftarrow -2/4 \leftarrow -1/4 \leftarrow 0/4 & 1/4 \leftarrow 2/4 \leftarrow 3/4 & \cdots
\end{array}
$$

希尔伯特说："无穷既是人类最伟大的朋友，也是人类心灵宁静的最大敌人。"

从数学诞生之日起，无穷就如影相随、结伴而行。

为什么无穷概念在数学中如此重要？因为数学离不开抽象的证明，在证明中为了穷尽所有的可能性，就不能停留在有限范围内，必然涉及到无穷。

作为数学发端的自然数 0，1，2，3，$\cdots$，n，$\cdots$ 本身就以它朴素的面貌展示了向无穷攀登的态势。

哲学中有下边一些命题：

物质是无限的；时间与空间是无限的；物质的运动形式是无限的。

一个人的生命是有限的；一个人对客观世界的认识是有限的。

在有限环境中生存的有限的人类，获得把握无限的能力和技巧，那是人类的智慧；在获得这些成果过程中体现出来的奋斗与热情，那是人类的情感；对无限的认识成果，则是人类智慧与热情的共同结晶。

　　一个人，若把自己的智慧与热情融入数学学习和数学研究之中，就会产生一种特别的感受。如果这样，数学的学习不但不是难事，而且会充满乐趣。

　　希尔伯特说："无穷大！任何一个其他问题都不曾如此深刻地影响人类的精神；任何一个其他观点都不曾如此有效地激励人类的智力；然而，没有任何概念比无穷大更需要澄清……"

4

游戏中的数学

神奇的数学魔术

除法游戏

你是一个表演者，先拿出一个计算器，然后请一个观众上来，背对着你在计算器上输入一个三位数，例如 562。重复上面的输入，得到一个六位数：562562。

你面对全体观众说道："让我来猜一下，这个数也许是 13 的倍数，请你先除以 13 试试。"

观众在计算器上操作，果然整除！ 562562÷13=43274。

接下来，分别再除以 7 和 11，表演者说："现在这个数就是你原来写的数。"

魔术解密：设原来这个三位数为 x，则六位数为 $x+1000x=1001x$，而 $7×11×13=1001$，分别除以 13、7 和 11，相当于除以 1001，一个数乘以 1001，再除以 1001，不就是原数？

数字读心术

请一个观众随便写一个五位数（五个数字互不相同），用这五位数的 5 个数字再随意组成另外一个五位数，然后把这两个五位数相减（大数减小数），请观众将得数中的某一个数字记住，并把得数中的其他数字（除了观众想的那个）告诉你。

现在我们来猜一猜观众心中想的那个数是什么。

你只要把观众告诉你的那几个数字相加，再重复，一直相加到一位数，然后用 9 减去这个一位数，就可以猜到观众心里想的是什么数了。

例如，观众想好一个五位数 57429，再改为 24957，相减得 32472，心中记住数字 7，将余下的数字 3，2，4，2 告诉你，你只要作如下计算：

$3 + 2 + 4 + 2 = 11$；$1 + 1 = 2$；$9 - 2 = 7$，即得到观众心中记住的那个数。

魔术解密：排序不同的两个五位数的差一定是 9 的倍数，而 9 的倍数的数字之和一定也是 9 的倍数，不断加到个位数时一定是 9，所以只要用 9 减去加得的一位数即可。

这个魔术其实不管几位数都是可以的，不一定要 5 位数。

神奇的 667

你任意想好一个一位到三位的自然数，与数字 667 相乘，如果你想的是一位数（两位数，三位数），只要你说出积的最后一位（二位，三位），我立刻能报出你想的是什么数。

例如，报 28，答 84，而 $84 \times 667 = 56028$；报 254，答 762，而 $762 \times 667 = 508254$。

那么，这个神奇的猜测是如何做到的呢？

魔术解密：只要把所报的尾数乘以 3 即可，若位数超过一位（两位，三位），则截取后一位（二位，三位）。

667 乘以一个三位数 abc，得到的结果取后三位，该后三位乘以 3，即得 abc。为何？

$667 \times (100a + 10b + c) \times 3 = 200100a + 20010b + 2001c$

观察百位，十位，个位，就是 a，b，c。

拓展思维：

如果是一个四位数呢？更多位数呢？

一个与黄金分割数有关的魔术

魔术师拿出一张上面并排画有 11 个小方格的纸条，请一位观众背对着他（确保他看不到观众在纸上写什么），在最左边两个方格中随便填入两个 1 到 20 之间的整数。从第 3 个方格开始，在每个方格中填入前两个方格中的数之和，一直填到第 10 个方格。例如这位观众在最左边两个方格中填入的两个数是 2 和 9，那么前 10 个方格中的数依次是

2	9	11	20	31	51	82	133	215	348	?

现在，魔术师叫这位观众报出第 10 个方格中的数，他只需要在计算器上按几个键，就能猜出第 11 个方格中的数。这就奇怪了，在不知道前两个数的情况下，仅知道第 10 个数，是怎么猜对第 11 个数的呢？

魔术解密：魔术师需要做的仅仅是把第 10 个数除以 0.618，得到的结果四舍五入取整数就是第 11 个数了。在上面的例子中，$348 \div 0.618 = 563.106\cdots \approx 563$，因此魔术师可以胸有成竹地断定，第 11 个数就是 563。而事实上，215 与 348 之和真的就等于 563。

如果把最左边两个方格中的数换成另外两个数，例如换成 8 和 17，那么情况又会怎么样呢？

8	17	25	42	67	109	176	285	461	746	?

可以看到，第 11 个数是 461 + 746 = 1207，而 746 ÷ 0.618 = 1207.119······ ≈ 1027，与实际结果也惊人得吻合！这究竟是怎么一回事呢？

魔术原理：盐水调配的启示

不妨假设观众在最左边两个方格中填入的两个数分别为 a 和 b，那么，这 11 个方格中的 11 个数依次为：

a	b	$a+b$	$a+2b$	$2a+3b$	$3a+5b$	$5a+8b$	$8a+13b$	$13a+21b$	$21a+34b$	$34a+55b$

现在我们只需要说明，$21a+34b$ 除以 $34a+55b$ 的结果非常接近 0.618 即可。

让我们来考虑一个貌似与此无关的生活小常识：两杯浓度不同的盐水混合在一起，调配出来的盐水浓度一定介于原来两杯盐水的浓度之间。换句话说，如果其中一杯盐水的浓度是 a/b，另一杯盐水的浓度是 c/d，那么（$a+c$）/（$b+d$）一定介于 a/b 和 c/d 之间。因此，（$21a+34b$）/（$34a+55b$）就一定介于 $21a/34a$ 和 $34a+55b$ 之间。而 $21a/34a = 21/34 = 0.617647\cdots \approx 0.6176$，$34a+55b = 34/55 = 0.618181\cdots \approx 0.6182$，可见不论 a 和 b 是多少，（$21a+34b$）/（$34a+55b$）都被夹在了 0.6176 和 0.6182 之间。如果 a 和 b 都不超过 20，用 $21a+34b$ 除以 0.618 的结果（四舍五入取整数）来推测 $34a+55b$ 是绝对可靠的。

这里，0.618 正是神秘的黄金分割数 $(\sqrt{5}-1)/2$ 的近似值；而上表中出现的系数序列 1，1，2，3，5，8，13，21，34，55，······ 正是著名的斐波那契数列，而它们相邻两项之比的极限恰好就是黄金分割数！

回文算法

一个数正读反读都一样，我们就把它叫做"回文数"。随便选一个数，不断加上把它反过来写之后得到的数，直到得出一个回文数为止。例如，所选的数是 67，两步就可以得到一个回文数 484：

$$67 + 76 = 143$$

$$143 + 341 = 484$$

把 69 变成一个回文数则需要四步：

$$69 + 96 = 165$$

$$165 + 561 = 726$$

$$726 + 627 = 1353$$

$$1353 + 3531 = 4884$$

89 的"回文数之路"则特别长，要到第 24 步才会得到第一个回文数，8813200023188。

大家或许会想，不断地"一正一反相加"，最后总能得到一个回文数，这当然不足为奇。事实情况也确实是这样——对于几乎所有的数，按照规则不断加下去，迟早会出现回文数。不过，196 似乎是个例外。数学家们已经用计算机算到了 3 亿多位数，都没有产生过一次回文数。从 196 出发，究竟能否加出回文数来？196 究竟特殊在哪儿？这至今仍是个谜。

唯一的解

用 1 到 9 组成一个九位数，使得这个数的第一位能被 1 整除，前两位组成的两位数能被 2 整除，前三位组成的三位数能被 3 整除，以此类推，一直到整个九位数能被 9 整除。

没错，真的有这样猛的数：381654729。其中 3 能被 1 整除，38 能被 2 整除，381 能被 3 整除，一直到整个数能被 9 整除。这个数既可以用整除的性质一步步推出来，也能利用计算机编程找到。

另一个有趣的事实是，在所有由 1 到 9 所组成的 362880 个不同的九位数中，381654729 是唯一一个满足要求的数！

数在变，数字不变

123456789 的两倍是 246913578，正好又是一个由 1 到 9 组成的数字。

246913578 的两倍是 493827156，正好又是一个由 1 到 9 组成的数字。

把 493827156 再翻一倍，987654312，依旧恰好由数字 1 到 9 组成的。

把 987654312 再翻一倍的话，将会得到一个 10 位数 1975308624，它里面仍然没有重复数字，恰好由 0 到 9 这 10 个数字组成。

再把 1975308624 翻一倍，这个数将变成 3950617248，依旧是由 0 到 9 组成的。

不过，这个规律却并不会一直持续下去。继续把 3950617248 翻一倍将会得到 7901234496，第一次出现了例外。

三个神奇的分数

1/49 化成小数后等于 0.0204081632 …，把小数点后的数字两位两位断开，前五个数依次是 2，4，8，16，32，每个数正好都是前一个数的两倍。

100/9899 等于 0.010102030508213213455 …，两位两位断开

后，每一个数正好都是前两个数之和（也即斐波那契数列）。

而 100/9801 则等于 0.01020304050607080910111213141516 17181920212223…。

利用组合数学中的"生成函数"可以完美地解释产生这些现象的原因。

数学魔术与普通的魔术不同，揭穿了不仅不会产生上当的感觉，反而让我们从中学到了数学知识，感觉到数学的神奇。如果你想知道更多的数学魔术，推荐下面几本经典的书供大家阅读：

1. 美国统计学家普西戴尔哥尼斯写的《数学教学与魔术技巧》，其目的就是要试着向人们解说为什么数学家会着迷于魔术，要让人们相信在娱乐与数学之间有一座桥梁。

2. 美国著名数学科普作家马丁·加德纳就是一位出类拔萃的魔术大师，他曾写过一本名著《数学与魔术的诡异》，里面收集了很多精彩的数学魔术。

3. 多米尼克·苏戴是一位法国著名的魔术家，他的数学魔术为人们带来数学中鲜为人知的一面，他被称作近现代最著名的数学魔术师，著有《84个神奇的数学小魔术》。相关数学魔术，例如 flash minder reader，cards mind reader 都被收录在这本书里，其中都有详细的解释。

用扑克牌算 24 点

"算 24 点"是一种数学游戏，正如象棋、围棋一样是一种人们喜闻乐见的娱乐活动。它始于何年何月已无从考究，但它以独具的数学魅力和丰富的内涵逐渐被越来越多的人们所接受。这种游戏方式简单易学，无论对小学生，中学生还是大学生，甚至工作人士，都能起到健脑益智的作用。

算 24 点一般是指把 4 个不超过 10 的正整数通过加减乘除四则运算（可加括号），使最后计算结果等于 24 的一个数学小游戏。这个游戏考验学生的数字敏感性与计算能力，能够极大地调动学生眼、脑、手、口等多种感官的协调能力，还有利于培养学生的心算能力。

游戏规则：把一副扑克牌中的大小王和 J，Q，K 抽去，剩下 1~10 这 40 张牌，任意抽取 4 张牌（可以两个人玩，也可以四个人玩），用加、减、乘、除（可加括号）把牌面上的数算成 24。每张牌必须用一次且只能用一次。谁先算出来，四张牌就归谁，如果无解就各自收回自己的牌，洗牌后再重新出牌。等到某一方把所有的牌都赢到手中，就获胜了。

取 24 这个数字可能是因为它是 30 以下公因数最多的整数。

据说浙江大学竺可桢学院有一次在面试新生时，出了这么一个有趣的考题：刘翔参加伦敦奥运会的运动员编号是 1356，请你用两种方法，将 1，3，5，6 这 4 个数字，用四则运算，算出 24 点。这个题目本身不是太难，但要求用两种方法算，难倒了不少考生。

神奇的数学

解法 1：$3×6+1+5=24$

解法 2：$(1+5)×3+6=24$

这个例子说明即使在大学里，基本的计算技能仍然得到充分的重视。

下面再举一些例子。

2，7，10，10：$2×（7+10）-10=24$

3，3，5，9：$（5+9÷3）×3=24$

3，3，3，10：$3×10-3-3=24$ 或 $3×（10-3）+3=24$

5，7，9，10：$5×（10-7）+9=24$

4，5，7，9：$4×7+5-9=24$

4，4，10，10：$（10×10-4）÷4=24$

在算 24 点的游戏中，也可以利用一些数学运算法则。

例如，1，5，5，5，用普通的方法比较难算，可以这样考虑：$5×5-1=24$，但还有一个 5，怎么办呢，采用提取公因子的方法，$5×（5-1/5）=24$，就可以解决问题了。

类似再举个例子：3，3，7，7，先考虑 $3×7+3=24$，还有一个 7，提出一个 7 就可以了：$7×（3+3/7）=24$。这里分数除不尽也没有关系，规则是允许的。

还可以相反，用分配律乘进去，例如：7，8，8，10，先考虑 $8×（10-7）=24$，再把 8 乘进去，变成 $8×10-8×7=24$，就可以了。

所以，算 24 点看似简单，其实里边还有不少学问呢。

下面再提供一些算 24 点的练习题，供有兴趣的同学参考。

拓展思维：试完成下列 24 点计算问题：

（3，3，7，8）（3，3，7，9）（1，3，9，10）（2，5，7，9）

（1，2，7，7）（3，8，8，10）（2，6，9，9）（6，9，9，10）

（2，7，7，10）（4，4，7，7）（2，5，5，10）（2，6，9，9）

（1，3，4，6）（1，4，6，7）（1，6，6，8）（3，3，8，8）

数独游戏

　　数独，是一种以数字为表现形式的益智休闲游戏，它能够全面锻炼人们的逻辑思维能力、推理判断能力、观察能力、归纳演绎能力，激发少年儿童对数学的兴趣，培养他们用科学的方法分析问题、解决问题的能力，进一步提升小学生的数学综合素质，所以在我国渐渐风靡起来。由于其规则简单、容易理解，且适合各个年龄段的人群，很多6~14岁的中小学生也加入到数独爱好者的行列中来。

　　数独游戏这一数字谜题源自18世纪末的瑞士，后在美国发展、并在日本得以发扬光大。数独盘面是个9宫，每一宫又分为9个小格。在这81格中给出一定的已知数字和解题条件，利用逻辑和推理，在其他的空格上填入1~9的数字，使1~9每个数字在每一行、每一列和每一宫中都只出现一次。这种游戏全面考验做题者的观察能力和推理能力，虽然玩法简单，但数字排列方式却千变万化，所以不少教育者认为数独是训练头脑的绝佳方式。

数独示例

数独的历史

数独前身为"九宫格",最早起源于中国。数千年前,我们的祖先就发明了洛书,其特点较之现在的数独更为复杂,要求纵向、横向、斜向上的 3 个数字之和等于 15,而非简单的 9 个数字不能重复。儒家典籍《易经》中的"九宫图"也源于此,故称"洛书九宫图"。而"九宫"之名也因《易经》在中华文化发展史上的重要地位而保存、沿用至今。

1783 年,瑞士数学家莱昂哈德·欧拉发明了一种当时称作"拉丁方块"的游戏,这个游戏是一个 n×n 的数字方阵,每一行和每一列都是由不重复的 n 个数字或者字母组成的。

19 世纪 70 年代,美国的一家数学逻辑游戏杂志《戴尔铅笔字谜和词语游戏》开始刊登现在称为"数独"的这种游戏,当时人们称之为"数字拼图",在这个时候,9×9 的 81 格数字游戏才开始成型。

1984 年 4 月,在日本游戏杂志《字谜通讯 Nikoil》上出现了"数独"游戏,提出了"独立的数字"的概念,意思就是"这个数字只能出现一次"或者"这个数字必须是唯一的",并将这个游戏命名为"数独"。

一位新西兰籍的前任香港高等法院的法官高乐德(Wayne Gould)在 1997 年 3 月到日本东京旅游时,无意中发现了这个游戏。他首先在英国的《泰晤士报》上发表,不久其他报纸也发表,很快便风靡全英国,之后他用了 6 年时间编写了电脑程式,并将它放在网站上,使这个游戏很快在全世界流行。从此,这个游戏开始风靡全球。后来更因数独的流行衍生了许多类似的数学智力拼图游戏,例如:数和、杀手数独等。

数独游戏是在一个 9×9 的大正方形中进行,每一行和每一列都必须填入 1 至 9 的数字，不能重复也不能少。

在 9×9 的大九宫格内，已给定若干数字，其他宫位留白，玩家需要自己按照逻辑推敲出剩下的空格里是什么数字。

必须满足的条件：每一行与每一列都有 1 到 9 的数字，每个小九宫格里也有 1 到 9 的数字，并且一个数字在每行、每列及每个小九宫格里只能出现一次，既不能重复也不能少。

根据游戏规则，可以确定如下探究步骤：

一、确定候选数

根据已知的若干数字，确定每个空白格中可能出现的所有数字（姑且称之为候选数），并在空白格中标注出来。为便于观察、分析、排除、筛选，从而发现规律，找出正确答案，可以将这些候选数按一定的位置标注。

以下面数独题为例：为便于说明，先给各行各列标上号，如下：

	1	2	3	4	5	6	7	8	9
A		2		8					9
B		1			2		6		
C					5	2			
D	7			3	2		4		
E			4		9		8		
F		9			1				3
G			1	2					
H			9		5			6	
I	4				9		3		

在各行各列标上序号

A1 格中的候选数不能是 A 行中已知的数 2，8，9，也不能是第 1 列中已知的数 4，7，还不能是 A1 格所在的小九宫中已知的数 1，2，因此，A1 格中的候选数是 3，5，6。用这样的方法，可以将每个空白格中的候选数都找出来。为便于观察、分析、排除、筛选，可以将每个空白格中的候选数中的相同数字写在相同的位置，比如也按小九宫的位置来写，那么，上例中的所有候选数可以标注如下：

	1	2	3	4	5	6	7	8	9
A	3 / 5 6	2	3 / 7	8	4 / 7	1 3 / 4 6	1 3 / 4 5 / 7	1 / 7	9
B	3 / 5 / 8 9	1	3 / 5 / 7 8	4 / 7	2	3 / 4 / 7	6	5 / 7 8	4 5 / 7 8
C	3 / 6 / 8 9	4 / 7 8	3 / 6 / 7 8	3 / 4 / 7	4 / 7	5	2	1 / 7 8	1 / 4 / 7 8
D	7	5 6 / 8	5 6 / 8	5 6	3	2	1 / 5 / 9	4	1 / 5 6
E	1 2 3 / 5 6	5 6	4	5 6 / 7	9	6 7	8	1 2 / 5 / 7	5 6
F	2 / 5 6 / 8	9	2 / 5 6 / 8	4 5 6 / 7	1	4 6 / 7 8	7	2 / 5 / 7	3
G	3 / 5 6 / 8	3 / 7 8	1	2	4 / 7 8	3 / 4 6 / 7	4 5 / 7 9	5 / 7 8 9	4 5 / 7 8
H	2 3 / 8	3 / 7 8	9	1 3	5	1 3 / 4 / 7 8	1 3 / 4 7	6	1 2 / 7 8
I	4	5 6 / 7 8	2 / 5 / 7 8	1 / 7 8	5 / 7 8	9	1 5 / 7	3	1 2 / 5 / 7 8

每个空格的候选数情况

二、找出唯一数

仔细观察、分析、排除、筛选，先找出某些可以确定唯一数字的空格，填出你能确定的唯一数字。如：观察 D 行，发现只有 D7 格有数字 9，那么 D7 格就是 9，这个 9 确定以后，再观察，发现只有 D9 格有数字 1，于是可以确定 D9 格就是 1。这两格确定以后，再观察，在它们所在的小九宫中，随之又可以确定 E6 格是数字 6，E 行中又可以确定 E6 格是数字 7，E4 格是数字 5，E1 格是数字 1，E2 格是数字 3，E8 格是数字 2。像这样仔细观察每行每列与每一个小九宫，根据规则进行排除、筛选，如下一些空格中的数字都是可以确定的：

	1	2	3	4	5	6	7	8	9
A	5 6	2	5 6 / 7	8	4 6	1 4 6	3	1 5 7	9
B	5 8 9	1	5 7 8	7 9	2	3	6	5 7 8	4
C	6 8 9	4	3	1 7 9	7	5	2	1 7 8	7 8
D	7	5 8	5 8	6	3	2	9	4	1
E	1			5	9		8	2	6
F	2 5 6	9	2 5 6	4	1	8	5 7	5 7	3
G	3	5 6 7 8	1	2	4 6	4 6	4 5	9	5 7 8
H	2 8	7 8	9	3	5	1 4 7	1 4 7	6	2 7 8
I	4	5 6 7 8	2 5 6 7 8	1		6 7 8	9	1 5 7	3 2 5 7 8

确定一部分唯一数

三、尝试可能数

　　找出了某些空格中唯一能确定的数以后，其余不能确定是唯一数的空格就要进行分析与尝试，直至找出正确答案。如上例中，可以先从 D2 与 D3 格来看，这两格都只剩下候选数 5 和 8，因此这两格就分别是 5 与 8，由于它们都在同一个小九宫中，那么这个小九宫中的其他格就不可能是 5 和 8。同样，F7 与 F8 格都只剩下候选数 5 和 7，因此这两格就分别是 5 与 7，由于它们在同一行，那么这一行中的其他格也不可能是 5 和 7。因此，F1 与 F3 格就分别是 2 与 6。尝试可能数一般就从这样的二选数入手，逐个去尝试，为了少走弯路，可以将已经能确定的唯一数与尝试的可能数用不同的笔进行标注，比如已经确定的唯一数用红色或蓝色笔填上，而尝试的可能数用铅笔标注，这样，如果尝试中发现有矛盾，不能进行下去，可以擦掉重试，直至找出正确答案。

　　用这样的方法，可以找出上题的答案为：

	1	2	3	4	5	6	7	8	9
A	5	2	6	8	7	4	3	1	9
B	8	1	7	9	2	3	6	5	4
C	9	4	3	1	6	5	2	8	7
D	7	5	8	6	3	2	9	4	1
E	1	3	4	5	9	7	8	2	6
F	6	9	2	4	1	8	5	7	3
G	3	8	1	2	4	6	7	9	5
H	2	7	9	3	5	1	4	6	8
I	4	6	5	7	8	9	1	3	2

确定了每个空格的数字

经过尝试，以上发现的小技巧，对于一些难度系数不大的数独游戏题来说，还是可行的，而对于一些难度系数比较大的数独游戏题，还需要更进一步地研究其解题技巧。

最后提供几个数独的题目，供读者练习。

拓展思维：试完成下列数独游戏

入门级：

3			5				7	
	9	7			6	5		
		8		3			1	2
6	1			8	2	3	4	9
			3			2		
		2	6	9	4		5	7
4	8		1	6		7		5
1	2	9		7		6	3	
	5	6		4	3	8	9	1

		1						
	6					1	2	
				5		9		
6		3			7			
2			8	4	1	6		
	3							
1		9	5	7				
3			8					5
	4					7		

初级：

		1						
		6			1	2		
			5		9			
6			3			7		
2			8	4	1	6		
	3							
1		9	5	7				
3				8				5
		4				7		

						8		
					9			
7		2					4	
						8		
2			4					5
						9		1
3			7				6	
5	9					1		

中级：

	5		2		9			
					8		3	
	7							
		3		8				1
	2				4			
				5		9		
		8			2			
1		6						

						2	5	
		3	4		9			
	8					6		
				5	2			9
			7					
2								
		6		7				
		3					7	4

高级：

		1	5		7			
2							5	
			6	9				
4			3			6		
	6			4	1			9
	9			2	7			3
		5	1		4			
1						3		
					7	8		

				6				
9			8			5		
8	2			9			1	
		3			7	6		
5			6			3		
		8		5			4	
7			5			1		
						4		
		4			1	6		2

骨灰级：

				3	9	8		
		4	2		1			
			2					1
				9				
5				6				
9	7				8		6	
							2	
6								

			4	9		6		
	1				8		9	
		1						3
	2			3		5	8	
3	5		6			9		
			9			4		
	7			1				
	8		6	7				
	6	4						1

　　其实，"数独"游戏起源于一种叫做 **"拉丁方块"** 的游戏，这个游戏是一个 $n \times n$ 的数字方阵，每一行和每一列都是由不重复的 n 个数字或者字母组成的。

　　据说普鲁士的腓特列大帝曾组成一支仪仗队，仪仗队共有 36 名军官，来自 6 支部队，每支部队中，上校、中校、少校、上尉、中尉、少尉各一名。他希望这 36 名军官排成 6×6 的方阵，方阵的每一行，每一列的 6 名军官来自不同的部队并且军衔各不相同。令他恼火的是，无论他怎么绞尽脑汁都排不成。

　　后来，他去求教瑞士著名的大数学家欧拉。欧拉发现这是一个不可能完成的任务。来自 n 个部队的 n 种军衔的 $n \times n$ 名军官，如果能排成一个正方形，每一行，每一列的 n 名军官来自不同的部队并且军衔各不相同，那么就称这个方阵叫正交拉丁方阵。欧拉猜测在 $n = 2$，6，10，14，18，…时，正交拉丁方阵不存在。然而到了 20 世纪 60 年代，人们用计算机造出了 $n = 10$ 的正交拉丁方阵，推翻了欧拉的猜测。现在已经知道，除了 $n = 2$，6 以外，其余的正交拉丁方阵都存在，而且有多种构造的方法。

　　如果你手边有扑克牌，可以自己动手制作一个拉丁方阵。用四种花色（梅花，方块，红心，黑桃）的1（即A），2，3，4共16张牌，将它们排成4×4的方阵，每一行，每一列四种花色俱全，并且都有1，2，3，4。

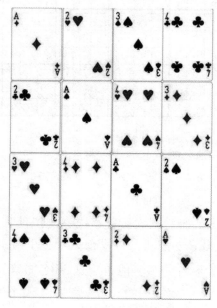

扑克牌方阵

仔细观察一下，这个方阵中不仅满足了每行每列花色、数字都不相同，还有其他的许多特点：

1. 一条对角线（从左上到右下）上全是A，另一条对角线（从左上到右下）上全是4；

2. 方块与梅花是左右对称的，红桃与黑桃也是左右对称的。就是说，如果沿中间的竖线将图对折，方块与梅花相合，红桃与黑桃相合。

3. 方块与黑桃，梅花与红桃上下对称。就是说，如果沿中间的横线将图对折，方块和黑桃相合，梅花与红桃相合；

4. A 与 4，2 与 3 左右对称；

5. 两条对角线上四种花色齐全；

6. 方块与红桃中心对称，黑桃与梅花中心对称，就是说，如果将图形绕中心（图中横线与竖线的交点）旋转 180°，左上的方块与右下的红桃相合。

拉丁方阵体现着"数学美"：整齐、对称、有规律、简洁、自然……，当然也引发了人们对于拉丁方阵更为具体的研究。1783 年，瑞士数学家莱昂哈德·欧拉发明了一种当时称作**"拉丁方块"**（Latin Square）的游戏，这个游戏是一个 n×n 的数字方阵，每一行和每一列都是由不重复的 n 个数字或者字母组成的。其实拉丁方块就是没有宫的标准数独，**只有两个限制条件，即行、列中的符号不能相同，这就是数独的雏形。**不过相比于三条限制的数独（每行、每列、每宫）趣味性与难度都低了不少，所以这个游戏并没有在全球风靡起来。但拉丁方块在试验设计等领域有重要的应用。

神奇的幻方

幻方也是一种填数游戏。这种游戏最早起源于我国。传说距今 4000 多年前，位于陕西的洛河常常泛滥成灾，威胁着两岸人们的生活与生产，为了治水，大禹日夜奔忙，三过家门而不入，带领人们开沟挖渠，疏通河道，驯服了河水，感动了上天。有一天，一只神龟从河中跃出，驮着一张图献给大禹。图上有 9 个数字。大禹获得此图后，按图上 9 个数的位置和关系确定治水方案，并进一步把它作为治理天下的准则。

这张图，就是闻名于世的"洛书"。

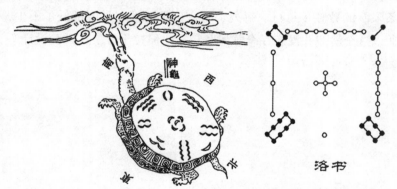

洛书

这个传说不仅在《易经》里有记载，在汉代《孔安国传》里也有一段描述："天与禹洛出书。神龟负文而出，列于背，有数至于九。禹遂因而第之，以成九类常道。"此外，在孔子、墨子、庄子、司马迁等人的著作里都曾提到这个古老而神奇的传说。后来人们把洛书又称为"九宫图"。

公元 6 世纪前后，有个叫甄鸾的数学家，他对洛书做了数学解释："九宫者，即二四为肩，六八为足，左三右七，戴九履一，五居中央。"按照这个说明，可知洛书实际上就是一个从 1 到 9 排成 3 行 3 列的数字表。甄鸾发现这个数字表不是随便排的，它有一个重要的规律，即每行、每列以及每条对角线上的三个数字之和都相等（等于 15）。能满足这种特殊条件的数字方阵，就称为幻方。在甄鸾对洛书做了解释之后，幻方开始作为一种填数游戏而流传于世。

4	9	2
3	5	7
8	1	6

这个幻方具有一些美妙的性质。例如，各行所组成的三位数的平方和，等于各行逆序所组成的三位数的平方和：

$$492^2 + 357^2 + 816^2 = 294^2 + 753^2 + 618^2$$

上海博物馆曾在清理浦东陆家嘴明代古墓的出土文物时，发现了一块元朝时期伊斯兰教信徒所佩戴的玉挂。玉挂的正面刻着"万物非主，唯有真宰，穆罕默德为其使者"的阿拉伯文字，表达了信徒对"真主"无比的虔诚与崇拜。玉挂的反面是一个 4 阶幻方，由 1 到 16 组成。

8	11	14	1
13	2	7	12
3	16	9	6
10	5	4	15

玉挂及幻方数字

一般地说，在 $n \times n$ 的方格里，既不重复也不遗漏地填上 n^2 个连续的自然数，每个数占一格，并使每行、每列及两条对角线上 n 个自然数的和都相等，这样排成的数表称为 n 阶**幻方**。这个相等的和叫幻和。

南宋有个著名的数学家杨辉，他是杭州人，生活于 13 世纪中后期。不仅精通数学，而且精通易学，在他 1275 年所著的《续古摘奇算法》中，就对幻方问题作了详尽的研究，其中对 3 阶幻方的排列，找出了一种奇妙的规律："九子斜排，上下对易，左右相更，四维挺出，戴九履一，左三右七，二四为肩，六八为足"。具体操作如下：

4	9	2
3	5	7
8	1	6

事实上，用杨辉所概括的构图规则可以推广到任何奇数阶幻方。也可以用"罗伯法"。

大家可以试着构造 5 阶或 7 阶幻方。

17	24	1	8	15
23	5	7	14	16
4	6	13	20	22
10	12	19	21	3
11	18	25	2	9

5 阶幻方

30	39	48	1	10	19	28
38	47	7	9	18	27	29
46	6	8	17	26	35	37
5	14	16	25	34	36	45
13	15	24	33	42	44	4
21	23	32	41	43	3	12
22	31	40	49	2	11	20

7 阶幻方

4 阶幻方的解法：

1. 先把这 16 个数字按顺序从小到到排成一个 4 乘 4 的

方阵；

2. 内外 4 个角对角上互补的数相易，（方阵分为两个正方形，外大内小，然后把大正方形的 4 个对角上的数字对换，小正方形 4 个对角上的数字对换）即（1，16）（4，13）互换；（6，11）（7，10）互换，即得一个 4 阶幻方，如下左图：

16	2	3	13
5	11	10	8
9	7	6	12
4	14	15	1

1	8	11	14
12	13	2	7
6	3	16	9
15	10	5	4

再看右边这个神奇的 4 阶幻方，它具有一些极不平凡的性质：

（1）除了任一横行或纵列或对角线上 4 个数字之和都等于 34，符合幻方的传统定义之外，还包括"折断"后又重新恢复起来的对角线，例如：14+12+3+5=34；2+5+12+15=34 等等。具有这种性质的幻方称为"完全幻方"。仅在此时，对角线才真正同行、列平起平坐，取得了完全平等的地位。任何 3 阶幻方都不具备此种性质。幻方研究家们指出，完全幻方最起码要 4 阶，"4"是下限，阶数再低就不行了。完全幻方很可贵，其道理即在此。

（2）在这个幻方中，取出任何一个 2×2 的小正方形，其中的 4 个数字之和也都等于 34。

这一点也很特殊，因为一般幻方的等和性，是只讲"条条"，而不讲"块块"的。

（3）在这个幻方中，任何一个 3×3 小正方形，其角上 4 个数字之和也都等于常数 34。

（4）假如你将这个幻方看成象棋盘来进行飞"象"，那么，不管"象"从哪一点出发飞到哪一点，这两个点上的数字之和都等于 17。

6 阶幻方比较难构造，下面有一个例子：

1	9	34	33	32	2
6	26	12	13	23	31
10	15	21	20	18	27
30	19	17	16	22	7
29	14	24	25	11	8
35	28	3	4	5	36

关于幻方还有一些有趣的例子。

陕西历史博物馆里的铁板和对应的数字

陕西历史博物馆二楼展厅陈列着一块刻着印度—阿拉伯数码的铁板，这是 1957 年在西安东郊元代安西王府遗址出土的。经专家鉴定，它是一个 6 阶幻方。

这个 6 阶幻方不是普通的幻方，它还具有两个独特的性质。第一，该幻方还是一个二次幻方。幻方中第一行和第六行中 6 个数的平方和也相等，第一列和第六列中 6 个数的平方和也相等，第二，这个幻方去掉最外面一层，中间剩下的部分仍然是一个 4 阶幻方。更为奇特的是，这个 4 阶幻方还是一个完全幻方。

澳门回归百子碑

澳门回归百子碑座落于珠海板樟山森林公园——澳门回归纪念公园板樟山顶峰。从板樟山脚下登1999级台阶，沿路有1999棵苍松相迎，直上开阔的山顶平台，站在"百子回归"碑前，俯瞰澳门尽收眼底，令人感慨万千……澳门，你终于回家了。

百子回归碑是我国碑史上的第一座数字碑。在碑史上只有文字碑、书法碑、符号碑、图画碑、图象碑或无字碑等，这座百子数字碑则为我国碑文化增添了新的一页。

百子回归碑是一幅10阶幻方，中央四数连读即"1999·12·20"，标示澳门回归日。

百子回归碑是一部百年澳门简史，可查阅四百年来澳门沧桑巨变的重大历史事件以及有关史地、人文资料等。如中间两列上部（系19世纪）："1887"年《中葡条约》正式签署，从此成为葡人上百年（距今100余13年）"永久管理澳门"的法律依据。

又如中间两列下部（系20世纪）："49"年中华人民公和国成立，从此中国人民站起来了；"97"年香港回归祖国；"79"年中葡两国正式建立外交关系，澳门主权归属是建交谈判中的主要问题；"88"年中葡两国互换关于澳门问题的《联合声明》批准书，从此澳门踏上了回归祖国的阳光大道。

据最新资料，澳门陆地面积"23×50"千米²（看最下面一行中间数字）。

1977年，美国发射的寻求外星文明的宇宙飞船"旅行者1号"和"旅行者2号"上，除了携带向外星人致意的问候讯号外，还带有一些图片，其中一张图片上就是一个4阶幻方图。科学家们设想，如果我们的宇宙飞船飞到某个有高级智慧生物生存的星球上，用我们现在的语言和文字也许不能与他们直接交流；如果使用像幻方这样的图形，说不定可以与他们进行思想沟通呢。

在《射雕英雄传》中，郭靖、黄蓉两人被裘千仞追到黑龙潭，躲进瑛姑的小屋。瑛姑出了一道题，要求数字1~9填到三行三列的表格中，每行、每列及两条对角线上的和都相等。这道题难倒了瑛姑十几年，却被黄蓉一下子就解出来了。这就是一个最简单的3阶平面幻方。

因为幻方的智力性和趣味性，很多游戏和玩具都与它有关，如捉放曹、我们平时玩的魔方，同时幻方也成为学习编程时的常见问题。幻方在科学技术、科技前沿中，都有很广泛的应用。

推理的学问

当今时代是一个知识爆炸的时代，也是一个头脑竞争的时代。在竞争日益激烈的环境下，一个人想要很好地生存，不仅需要付出勤奋，而且还必须具有智慧。随着人才竞争的日趋激烈和高智能化，越来越多的人认识到只拥有知识是远远不够的。因为知识本身并不能告诉我们如何去运用知识，如何去解决问题，如何去创新，而这一切都要靠人的智慧——大脑思维来解决。认真观察周围的人我们也会发现，那些在社会上有所成就的人无不是具有卓越思维能力的人。

知识固然重要，但它并不一定能让我们变得智慧。因为，一个人智力的高低百分之九十取决于他拥有什么样的思维，知识只占百分之十。信息化的时代已经来到，面对竞争，我们应当培养什么样的头脑去迎接挑战呢？西方有句谚语：上帝偏爱有准备的头脑。只要你能够像训练体能一样训练你的逻辑思维能力，那么你的思维就会变得更快、更高、更强；在激烈的智力竞争中，你就能领先一步，更胜一筹！

下面给出一些逻辑思维的例子，测试一下你的思维能力。

例1 一个岔路口分别通向诚实国和说谎国。来了两个人，已知一个是诚实国的，另一个是说谎国的。诚实国永远说实话，说谎国永远说谎话。现在你要去说谎国，但不知道应该走哪条路，需要问这两个人。请问应该怎么问？

问：你们的国家怎么走？他们都指向诚实国；或问：哪条路不到你们的国家？他们都指向说谎国。

例2 有3个密封的箱子，一个只装苹果，一个只装橙子，另一个装苹果和橙子。3个箱子上的标签都标错。你只打开一个箱子，不能看里面，你拿出一个水果，看着这个水果，你能立刻为3箱水果贴上正确标签吗？

例如标签为：A箱标签——苹果；B箱标签——橙子；C箱标签——混装。

因为3个标签都标错了，如果从A箱（B箱一样的情况）中拿出一个水果一看是橙子，则不能确定A箱装的是橙子还是混装的；

如果从C箱拿出一水果，因为标签是错的，所以标有混装的C箱里面肯定只含一种水果（苹果或者橙子），假如拿出来一看是橙子（苹果类似情况），就知道**C箱里面装的肯定就是橙子了**！。

此时A箱里面肯定不是苹果，但也不是橙子（因为C箱是橙子），所以A箱就是混装的；最后确定B箱装的一定是苹果。

例3 一个侦探在调查了某珠宝商店的钻石项链盗窃案后，得到以下事实：

（1）营业员A或B盗窃了钻石项链；

（2）若A作案，则作案时间不在营业时间；

（3）若B提供的证词正确，则货柜未上锁；

（4）若B提供的证词不正确，则作案时间在营业时间；

（5）货柜上了锁。

推断谁盗窃了钻石项链，并证明你的结论。

推理：由（5）和（3）知，B提供的证词不正确；再由（2）知，不是A作的案；最后由（1）知，是营业员B作的案。

数学中有一个分支叫"数理逻辑"，是一门用数学方法研究逻辑推理的学科，它里面有一套逻辑符号，可以通过计算来进行推理，是机器证明和人工智能的重要理论基础。

例4 老师让6名学生围坐成一圈，另让1名学生坐在中央，并拿出7顶帽子，其中4顶白色，3顶黑色。然后蒙住7名学生的眼睛，并给坐在中央的学生戴一顶帽子，而只解开坐在圈上的6名学生的眼罩。这时，由于坐在中央的学生的阻挡，每个人只能看到5个人的帽子。老师说："现在，你们7人猜一猜自己的头上戴的帽子颜色。"大家静静地思索了好大一会。最后，坐在中央的、被蒙住双眼的学生举手说："我猜到了。"问：中央的被蒙住双眼的学生带的是什么颜色的帽子？他是怎样猜到的？

答：白色

分析：除了中央外的另外6人都只能看到5顶帽子却无法确定自己戴的帽子的颜色，说明无法看到的两顶帽子必须一个白色一个黑色。因此6人中每一对看不到对方的帽子均是一个黑一个白。中央的是白色。

例5 一群人开舞会，每人头上都戴着一顶帽子。帽子只有黑白两种，黑的至少有一顶。每个人都能看到其他人帽子的颜色，却看不到自己的。主持人先让大家看看别人头上戴的是什么帽子，然后关灯，如果有人认为自己戴的是黑帽子，就喊一声。第一次关灯，没有声音。于是再开灯，大家再看一遍，关灯时仍然鸦雀无声。一直到第三次关灯，才响起一片喊声。问有多少人戴着黑帽子？

假如只有一个人戴黑帽子，那他看到所有人都戴白帽，在第一次关灯时就应叫喊，而第一次关灯没人喊，所以应该不止一个人戴黑帽子；如果有两顶黑帽子，第一次两人都只看到对方头上的黑帽子，不敢确定自己的颜色，但到第二次关灯，这两人应该明白，如果自己戴着白帽，那对方早在上一次就应该喊了，因此自己戴的也是黑帽子，于是也会有喊声响起；可事实是第三次才响起了喊声，说明全场不止两顶黑帽，依此类推，应该是关了几次灯有喊声响起，就有几顶黑帽。

例6 小明和小强都是张老师的学生，张老师的生日是 M 月 N 日，2 人都知道张老师的生日是下列 10 组中的一天，张老师把 M 值告诉了小明，把 N 值告诉了小强，张老师问他们知道他的生日是那一天吗？

3 月 4 日　3 月 5 日　3 月 8 日

6 月 4 日　6 月 7 日

9 月 1 日　9 月 5 日

12 月 1 日　12 月 2 日　12 月 8 日

小明说：如果我不知道的话，小强肯定也不知道；

小强说：本来我也不知道，但是现在我知道了；

小明说：哦，那我也知道了；

请根据以上对话推断出张老师的生日是哪一天。

答：9 月 1 日

分析：三句话的意思是：（1）M 月对应的所有 N 日均有两个以上，（2）而 N 日对应的所有 M 月只有一个满足（1）。由（1）M 可能为 3 或 9，再由（2）可得 3 月和 9 月中只有 N 为 1 时满足。

例7 有 4 个小孩看见一块石头正沿着山坡滚下来，便议论开了。

"我看这块石头有 17 千克重。"第一个孩子说。

"我说它有 26 千克。"第二个孩子不同意地说。

"我看它重 21 千克。"第三个孩子说。

"你们都说得不对，我看它的正确重量是 20 千克。"第四个孩子争着说。

他们四人争得面红耳赤，谁也不服谁。最后他们把石头拿去称了一下，结果谁也没猜准。其中一个人所猜的重量与石头的正确重量相差 2 千克，另外两个人所猜的重量与石头的正确重量之差相同。当然，这里所指的差是指绝对值。请问这块石头究竟有多重？

答案：23 千克。

分析：两人所猜重量与石头正确重量之差相同，3 个数应该是等差数列形式，正确的在中间；此时只有 17 和 21，20 和 26 符合，又只有一个与正确值差 2，故正确的石头重量为 23。

例 8 击鼠标比赛现在开始！参赛者有罗技、李响和张平。

罗技 10 秒钟能击 10 下鼠标；李响 20 秒钟能击 20 下鼠标；张平 5 秒钟能击 5 下鼠标。以上各人所用的时间是这样计算的：从第一击开始，到最后一击结束。他们是否打平手？如果不是，谁最先击完 40 下鼠标？

答案：李响最先击完。

分析：第一击未计时，计算速度时不考虑在内。罗技的速度是 10 秒 9 下，李响的实际速度是 20 秒 19 下，即 10 秒 9.5 下，张平的实际速度是 5 秒 4 下，即 10 秒 8 下。

拓展思维：试完成下列逻辑推理问题：

1. 在临上刑场前，国王对预言家说："我给你一个机会，你可以预言一下今天我将如何处死你。你如果预言对了，我就让你服毒死；否则，我就绞死你。"但是聪明的预言家的回答，使得国王无法将他处死。

2. 两龟赛跑：有两只乌龟一起赛跑，甲龟到达 10m 终点线时，乙龟才跑到 9m。现在如果让甲龟的起跑线退后 1m，这时两龟再同时起跑比赛，问甲、乙两龟是否同时到达终点？

3. 在一个重男轻女的国家里，每个家庭都想生男孩，如果他们生的孩子是女孩，就再生一个，直到生下的是男孩为止。这样的国家，男女比例会是多少？假定生男和生女的概率相等。

4. 借机发财：从前有 A、B 两个相邻的国家，它们的关系很好，不但互相之间贸易交往频繁，货币可以通用，汇率也相同。也就是说 A 国的 100 元等于 B 国的 100 元。可是两国关系因为一次事件而破裂了，虽然贸易往来仍然继续，但两国国王却互相宣布对方货币的 100 元只能兑换本国货币的 90 元。有一个聪明人，他手里只有 A 国的 100 元钞票，却借机捞了一大把，发了一笔横财。请你想一想，这个聪明人是怎样从中发财的？

5. 今天星期几？

有一富翁，为了确保自己的人身安全，雇了双胞胎兄弟两个作保镖。兄弟两个确实尽职尽责，为了保证主人的安全，他们做出如下行事准则：

a. 每周一、二、三，哥哥说谎；

b. 每逢四、五、六，弟弟说谎；

c. 其他时间两人都说真话。

一天，富翁的一个朋友急着找富翁，他知道要想找到富翁只能问兄弟俩，并且他也知道兄弟俩的做事准则，但不知道谁是哥哥，谁是弟弟。另外，如果要知道答案，就必须知道今天是星期几。于是他便问其中的一个人：昨天是谁说谎的日子？结果两人都说：是我说谎的日子。你能猜出今天是星期几吗？

起源于游戏的数学

有人说，"图论"是一门起源于游戏的数学学科，这话一点也不夸张。

"哥尼斯堡七桥"问题

18世纪，东普鲁士的首府哥尼斯堡（今俄罗斯加里宁格勒）是一座景色迷人的城市，普莱格尔河横贯城区，使这座城市锦上添花，显得更加风光旖旎。这条河有两条支流，在城中心汇成大河，在河的中央有一座美丽的小岛。河上有7座各具特色的桥把岛和河岸连接起来。

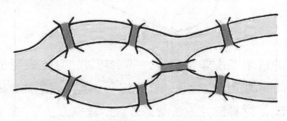

"哥尼斯堡七桥"示意图

每到傍晚，许多人都来此散步。人们漫步于这7座桥之间，久而久之，就形成了这样一个问题：能不能既不重复又不遗漏地一次走遍这7座桥？这就是闻名遐迩的"哥尼斯堡七桥问题。"每一个到此游玩或散心的人都想试一试，可是，对于这一看似简单的问题，没有一个人能符合要求地从7座桥上走一遍。

这个问题如今可以描述为判断欧拉回路是否存在。欧拉回路是指令笔不离开纸面，可画过图中每条边仅一次，且可以回到起点的一条回路。7桥问题也困绕着哥尼斯堡大学的学生们，在屡遭失败之后，他们给当时正在俄罗斯圣彼得堡科学院任职的年仅29岁的天才数学家欧拉写了一封信，请他帮助解决这个问题。欧拉看完信后，对这个问题也产生了浓厚的兴趣。他想，既然岛和半岛是桥梁的连接地点，两岸陆地也是桥梁的连接地点，那就不妨把这4处地方缩小成4个点，并且把这7座桥表示成7条线。这样，原来的7桥问题就抽象概括成了如下的关系图：这显然并没有改变问题的本质特征。于是，7桥问题也就变成了一个一笔画的问题，即：能否笔不离纸，不重复地一笔画完整个图形。

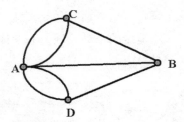

欧拉的这个考虑非常重要，非常巧妙，它正表明了数学家处理实际问题的独到之处——首先把一个实际问题抽象成合适的"数学模型"。这种研究方法就是"数学建模方法"。这并不需要运用多么深奥的理论，但想到这一点，却是解决难题的关键。单是在这一点上，欧拉就显示出了他超群的数学创新才能。

经过研究，欧拉发现了一笔画的规律。他认为，能一笔画的图形必须是连通图。连通图就是指一个图形各部分总是有边相连的，这道题中的图就是连通图。

但是，不是所有的连通图都可以一笔画的。能否一笔画出是图的奇、偶结点的数目来决定的。那么什么叫奇、偶结点呢？与奇数条边相连的点叫做奇结点；与偶数条边相连的点叫做偶结点。（如上图中的 A、B、C、D 点均为奇结点。）

1. 凡是只由偶结点组成的连通图，一定可以一笔画成。画时可以把任一偶结点为起点，最后，一定能以这个点为终点画完此图。

2. 凡是只有两个奇结点的连通图（其余都为偶结点），一定可以一笔画成。画时必须必须以一个奇结点为起点，另一个奇结点为终点。

3. 其他情况的图都不能一笔画出。

欧拉运用图论中的一笔画定理为判断准则，很快就判断出要一次不重复走遍哥尼斯堡的 7 座桥是不可能的。也就是说，多少年来，人们费神费力寻找的那种不重复的路线，根本就不存在。一个曾经难住了那么多人的问题，竟有这么一个出人意料的答案。

例 如下图是某街道图形。洒水车从 A 点出发执行洒水任务。试问是否存在一条洒水路线，使洒水车通过所有街道且不重复而最后回到车库 B ？

解： 此问题即为求证图中是否存在 A 到 B 的欧拉路。由于图中每个结点除 A，B 为奇结点外其余均为偶结点，由定理可知，这样的洒水线路是存在的，例如，ACDEFBGCFGAB 或 AGFEDCFBGCAB，等等。

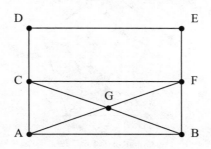

《图论》简介

图论是数学的一个分支。它以图为研究对象。图论中的图是由若干给定的点及连接两点的线所构成的图形，这种图形通常用来描述某些事物之间的某种特定关系，用点代表事物，用连接两点的线表示相应两个事物间具有这种关系。

图论本身是应用数学的一部分，因此，历史上图论曾经被好多位数学家各自独立地建立过。图论起源于一个非常经典的问题——哥尼斯堡七桥问题。1736年，瑞典数学家欧拉解决了哥尼斯堡七桥问题。由此图论诞生，欧拉也成为图论的创始人。

1859年，英国数学家哈密尔顿发明了一种名叫"周游世界"的游戏：他用一个正十二面体的20个顶点代表20个大城市，这个正十二面体同构于一个平面图（见下图）。要求沿着正十二面体的棱，从一个城市出发，经过每个城市恰好一次，然后回到出发点。这个游戏曾风靡一时。用图论的语言来说，游戏的目的是在十二面体的图中找出一个生成圈。这个生成圈后来被称为哈密尔顿回路。这个问题后来就叫做哈密尔顿问题。由于运筹学、计算机科学和编码理论中的很多问题都可以化为哈密尔顿问题，从而引起广泛的注意和研究。

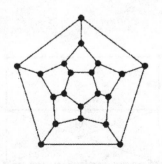

哈密尔顿回路示意图

"周游世界问题" 有若干个解，下面给出一个解答：

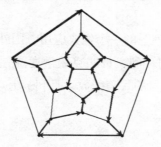

匈牙利奥数竞赛题

如果在一个集会上随便找 6 个人，那么里面要么有 3 个人彼此认识，要么有 3 个人彼此不认识。你可能表示怀疑，那就请看下面的推理：

证明：在平面上用 6 个点 A、B、C、D、E、F 分别代表参加集会的任意 6 个人。如果两人以前彼此认识，那么就在相应的两点间连一条红线；否则连一条蓝线。

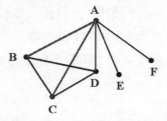

考虑 A 点与其余各点间的 5 条连线 AB，AC，…，AF。

它们的颜色不超过 2 种。根据抽屉原理可知其中至少有 3 条连线同色，不妨设 AB，AC，AD 同为红色。

如果 BC，BD，CD 中有一条（不妨设为 BC）也为红色，则得红色三角形 ABC，即 A，B，C 彼此相识；

如果 BC，BD，CD 全为蓝色，则得蓝色三角形 BCD，即 B，C，D 彼此不相识。

这是"抽屉原理"的一个经典应用，国外称"鸽巢原理"。

这是 1947 年匈牙利奥林匹克数学竞赛题的一道题，后来刊登在 1958 年 6/7 月号的《美国数学月刊》上。

平面图问题

如果一个图能以这样的方式画在平面上：除结点处外没有边交叉出现，则称为平面图。

用欧拉公式可以证明，以下两个图不是平面图：

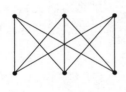

$K_{3,3}$ K_5

1930 年，波兰数学家库拉托夫斯基仔细研究了 K_5 和 $K_{3,3}$，发现它们是最简单的非平面图，并且任何非平面图都与它们有某种联系，并由此给出了一个判断平面图的充分必要条件。

库拉托夫斯基定理：一个图是平面图当且仅当它不含与 K_5 或 $K_{3,3}$ 同胚的子图。

土地分割问题

大约 90 多年前，德国数学家牟比乌斯提出了这样一个问题：有一个地主，打算在生前把他的土地分成 5 块，要求每块土地与另外 4 块都相邻。他的愿望能实现吗？

如果把每块土地看成一个结点，相邻的土地用一条边相连，则地主的愿望就是构成一个五阶完全图 K_5。

可以证明：任何实际地图构成的图，边之间是不可能发生交叉的。因此，牟比乌斯的问题变为：K_5 存在边没有交叉的画法吗？即 K_5 是平面图吗？结论是否定的。

看来这个地主的美好愿望是无法实现了。

图的着色问题

如果一张地图中相邻国家着以不同的颜色，最少需用多少种颜色？

1852 年，英国一个名叫盖思里的青年提出"四色猜想"：如果规定在地图上相邻的国家要着上不同的颜色，那么任何地图用 4 种颜色就够了。

这个问题成为了数学难题，一个多世纪以来，许多人的证明都失败了。1879 年，肯普给出此猜想的第一个证明；1890 年，希伍德发现这个证明有错误，并指出，肯普的方法虽不能证四色问题，但可证明五色问题。直到 1976 年，美国伊利诺斯大学两位青年教授阿佩尔和黑肯在高速电子计算机上用了 1200 个机时，证明了四色问题。证明只是对正规地图进行，即假定地图上任何 1 个国家都不包围别的国家，且无 3 个国家相交于一点。这次证明使"四色猜想"成为"四色定理"，这件事曾轰动一时，但是用"通常"方法证明四色问题，至今仍未解决。但"五色定理"却是可以证明的：用 5 种颜色可以给任一简单连通平面图的结点正常着色（即任一对邻接结点的颜色不同）。

拓展思维：

1.（蚂蚁比赛问题）设下图中，甲、乙两只蚂蚁分别位于结点 a，b 处，并设图中的边长度相等。甲、乙进行比赛：从它们所在的结点出发，走过图中的所有边最后到达结点 e 处。如果它们的速度相同，问谁先到达目的地？

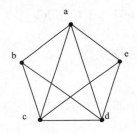

2.下图是一幢房子的平面图，前门进入一个客厅，由客厅通向 4 个房间。如果要求每扇门只能通过一次，现在由前门进入，能否通过所有的门走遍所有的房间（包括客厅），然后从后门走出？

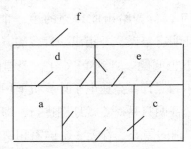

破解围棋在欧美难以普及的秘密

欧美人的头脑自然是聪明的，否则不可能搞出那么多现代高科技。但是围棋在欧美难以普及，欧美人下不好围棋也是个事实。这又是为什么呢？

1914 年 5 月，吴清源的老师濑越宪作，曾派遣弟子国崎节男到美国传播围棋约 1 年。围棋发达国家对欧美围棋的普及工作，最少也有一百年之久了。

可是欧美人终究还是下不好围棋，是他们瞧不起围棋吗？应该不是。电影《美丽心灵》，为了表现美国数学家的聪明，也有他们下围棋的镜头。

事实是欧美也有围棋九段，但是他们拿不了世界冠军。事实是欧美也有人下围棋，但是普及率很低。究其原因，有人说是围棋太耗费时间，不符合欧美人快节奏的生活。也有人说欧美人和中国人思维方式不同。也有人说欧美人已经有国际象棋可玩了。这些都有一定道理，但并非本质原因。

欧美人下不好围棋的真实原因是，欧美人算术能力普遍很差，甚至相当比例的欧美成年人都不会数数。据英国广播公司报道，有 850 万成年人的算术能力相当于 10 岁孩子的水平。2012年，英国教育大臣迈克尔·戈夫为了解决英国数学教学危机，硬性规定五六岁的孩子必须能从 1 数到 100。

为什么从 1 数到 100 对他们这么难？因为英语在这方面太落后了。对中国人来说，1 到 10 都只需发一个音，从 11 到 20也不过只需发两个音，而英语经常需要发 3 到 4 个音。以 3 到

10 的英语为例：3，three，（死锐），2 个音；5，five，（发耳舞），3 个音；6，six，（塞克斯），3 个音；7，seven，（塞文），2 个音；8，eight，（哎特），2 个音；9，nine，（拿爱恩），3 个音；从 11 数到 20，中文只需要各两个音，英语就更惨了：11，eleven，（衣来嗡），3 个音；12，twelve，（托尔沃），3 个音；15，fifteen，（飞夫听），3 个音；16，sixteen，（塞克斯听），4 个音；17，seventeen，（塞文听），3 个音；19，nineteen，（拿爱恩听），4 个音；等等。数字 0，中文只要读"零"就可以了，而英语单词 zero，却必须读"Z 呀揉"3 个音，非常麻烦。

英语数数很累，而对于下围棋来说，数数是非常重要的一项工作。棋局告一段落，就必须作形势判断。什么叫形势判断？估算双方各有多少实空，再去掉贴目，判断出自己当前的形势优劣，并以此为根据，决定下一步是采取守势，还是冒险进攻。

英语不仅数数不方便，英国人也很不擅长加减乘除的心算。下围棋是否要用到加减法？当然要用到。在作形势判断时，这块棋有 15 目，那块棋有 18 目，那块棋有 23 目，15 加 18 加 23 等于 56 目。如果对方白棋的空合计是 50 目，那么 56 减去 6 目半的贴目，再减去对手的 50 目，本方略微落后一点点，这些心算对中国人来说很容易，对欧美人来说就很难，因为他们从小就习惯用计算器。据英国官方数据最近爆出：10~12 岁的学生中约 25% 没有计算器就无法算出两个小数字的相加。可是拿着计算器下围棋，实在是欠了那么点风雅，如果拿着计算器参加世界比赛，更将被视为怪物。

造成这种局面的主要原因之一，是英语国家没有乘法口诀，所以计算要依赖计算器。那么下围棋要不要用到乘法呢？按理说是不需要的，如果你有耐心把双方的各上百目大空，从 1 到 100

依次数一遍的话。不过在很多时候，高手为了节省对局时间，在形势判断时也经常用到简单的乘法。

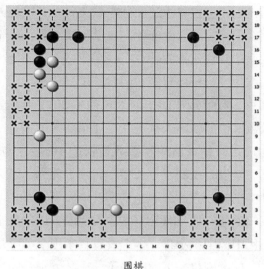

围棋

右上角黑棋的无忧角，应该判断为多少目？被标注上"X"的点，就是无忧角理论上可以获得的目数，一共是11目。但是从1数到11未免太慢了点，上面有两排4，下面有一个3，2乘4得8，再加3，可以很快就算出这11目。本图其他示例以此类推。这对中国人很容易，因为我们从小就学会了乘法口诀，可是对没有乘法口诀的欧美人来说，那可就比登天还难了。

欧美人为什么不爱下围棋？可以总结出以下3点。

结论1：英语一字多音的特点，使欧美人数数很不方便，也就是欧美人下围棋数目很累。

结论2：欧美人普遍心算能力较差，两位数的加法就必须借助计算器，也就是欧美人不用计算器就无法作形势判断。

结论3：欧美人没有乘法口诀，就算有耐心一目一目数，速度也极慢，结果下围棋成了数数游戏，哪还有什么时间去计算对杀，更没有余力去体会围棋的乐趣。

最终结论是，围棋将永远无法在欧美普及，欧美人将永远不可能获得围棋世界冠军。除非他们在学围棋之前，先学会汉语这门语言，从而学会快速数数。

日本人数数慢，所以只能在两日制围棋称雄。现在的围棋比赛一天就结束，数数最快的中国人包揽了 2013 年度全部 6 项世界冠军。数数次快的韩国人拿了几个亚军。

如果你说，为什么前些年数数最快的中国人，被韩国曹薰铉、李昌镐、李世石压制了十几年？我来告诉你，因为那时候中国学的是日本围棋，大部分职业棋手日语流利得很，术语都直接讲日语，天知道他们数目时是不是偷偷用的日语？反正现在改过来了，新一代中国围棋小将，个个没有日本围棋的背景，肯定也不会说日文，成绩刷拉一下就起来了。

最后再说说法语是怎么数数的：

1~60 是按正常人思维数的；

61~79 是这样的：61=60+1，soixante–et–un，62=60+2，soixant–deux 以此类推⋯⋯

70 就是 60+10，soixante–dix⋯⋯

80 以后开始用乘法和加法了⋯⋯80=4×20，quatre–vight，81=4×20+1，quatre–vight–un⋯⋯以此类推⋯⋯

法国人数数真是复杂，76 不念七十六，念六十加十六；96 不念九十六，念四个二十加十六。电话号码两个两个念，如 176988472，不念幺七六九八八四七二，念一百加六十加十六，四个二十加十八，再四个二十加四，再六十加十二。这么个数数法，你叫他怎么下围棋？

拓展思维解答

《神奇的数学魔术》拓展思维解答：

解答：乘以 6667，取后四位。更多位数，依次类推。

《用扑克牌算 24 点》拓展思维解答：

3，3，7，8	$3 \times 3 + 7 + 8 = 24$
3，3，7，9	$\frac{9}{3} \times 7 + 3 = 24$
1，3，9，10	$3 \times (10 + 1) - 9 = 24$
2，5，7，9	$5 \times 7 - 2 - 9 = 24$
1，2，7，7	$(7 \times 7 - 1) \div 2 = 24$
3，8，8，10	$(8 \times 10 - 8) \div 3 = 24$
2，6，9，9	$(2 + \frac{6}{9}) \times 9 = 24$
6，9，9，10	$9 \times \frac{10}{6} + 9 = 24$
2，7，7，10	$7 \times (2 + \frac{10}{7}) = 24$
4，4，7，7	$(4 - \frac{4}{7}) \times 7 = 24$
2，5，5，10	$(5 - \frac{2}{10}) \times 5 = 24$
2，6，9，9	$(2 + \frac{6}{9}) \times 9 = 24$

1, 3, 4, 6	$6 \div (1 - \frac{3}{4}) = 24$
1, 4, 6, 7	$4 \div (\frac{7}{6} - 1) = 24$
1, 6, 6, 8	$6 \div (1 - \frac{6}{8}) = 24$
3, 3, 8, 8	$8 \div (3 - \frac{8}{3}) = 24$

《数独游戏》拓展思维解答：

入门级：

2	5	1	9	7	3	6	4	8
3	4	9	5	6	8	7	2	1
8	7	6	2	4	1	3	9	5
1	2	7	3	9	5	4	8	6
5	6	8	4	1	7	2	3	9
9	3	4	6	8	2	1	5	7
7	1	2	8	3	9	5	6	4
6	9	5	7	2	4	8	1	3
4	8	3	1	5	6	9	7	2

3	4	1	5	2	8	9	7	6
2	9	7	4	1	6	5	8	3
5	6	8	9	3	7	4	1	2
6	1	5	7	8	2	3	4	9
9	7	4	3	5	1	2	6	8
8	3	2	6	9	4	1	5	7
4	8	3	1	6	9	7	2	5
1	2	9	8	7	5	6	3	4
7	5	6	2	4	3	8	9	1

初级：

9	2	1	4	3	7	5	8	6
7	5	3	6	9	8	1	2	4
8	4	6	1	5	2	9	3	7
6	1	5	3	2	9	7	4	8
2	9	7	8	4	1	6	5	3
4	3	8	7	6	5	2	9	1
1	8	9	5	7	4	3	6	2
3	7	2	9	8	6	4	1	5
5	6	4	2	1	3	8	7	9

9	5	3	2	4	8	7	1	6
4	6	1	3	9	7	2	5	8
7	8	2	1	6	5	3	4	9
6	7	5	9	1	2	8	3	4
2	1	9	4	8	3	6	7	5
8	3	4	5	7	6	9	2	1
1	2	6	8	3	4	5	9	7
3	4	8	7	5	9	1	6	2
5	9	7	6	2	1	4	8	3

中级：

8	5	4	2	3	9	7	1	6
6	1	9	4	5	7	8	2	3
3	7	2	6	1	8	4	5	9
9	6	3	5	8	4	2	7	1
7	2	5	3	9	1	6	4	8
4	8	1	7	2	6	9	3	5
2	3	7	8	6	5	1	9	4
5	9	8	1	4	2	3	6	7
1	4	6	9	7	3	5	8	2

7	1	6	2	3	5	4	9	8
8	4	9	6	1	7	2	5	3
5	2	3	4	8	9	1	6	7
4	8	2	9	7	6	3	1	5
6	3	1	8	5	2	7	4	9
9	5	7	1	4	3	8	2	6
2	7	8	5	6	4	9	3	1
3	6	4	7	9	1	5	8	2
1	9	5	3	2	8	6	7	4

高级：

9	3	1	5	8	4	7	2	6
2	8	6	7	1	3	9	5	4
7	5	4	2	6	9	3	8	1
4	1	7	3	9	5	8	6	2
3	6	2	8	4	1	5	7	9
5	9	8	6	2	7	1	4	3
8	2	5	1	3	6	4	9	7
1	7	9	4	5	2	6	3	8
6	4	3	9	7	8	2	1	5

4	3	7	1	6	5	9	2	8
9	1	6	8	4	2	5	3	7
8	2	5	7	9	3	4	1	6
2	9	3	4	1	7	8	6	5
5	4	1	6	2	8	3	7	9
6	7	8	3	5	9	2	4	1
7	8	4	5	3	6	1	9	4
1	6	9	2	8	4	7	5	3
3	5	4	9	7	1	6	8	2

骨灰级：

2	5	1	7	4	3	9	8	6
7	3	6	8	5	9	1	2	4
8	9	4	2	6	1	5	3	7
4	6	2	5	3	8	7	9	1
3	8	7	1	9	4	2	6	5
5	1	9	6	2	7	3	4	8
9	7	5	4	8	2	6	1	3
1	4	3	9	7	6	8	5	2
6	2	8	3	1	5	4	7	9

8	3	7	4	9	2	6	1	5
2	1	5	7	3	6	8	4	9
4	9	6	1	5	8	2	7	3
6	4	2	9	7	3	1	5	8
3	5	1	6	8	4	9	2	7
7	8	9	2	1	5	4	3	6
9	7	3	8	4	1	5	6	2
1	2	8	5	6	7	3	9	4
5	6	4	3	2	9	7	8	1

《推理的学问》拓展思维解答：

1. 预言家说：我将被绞死。

2. 甲龟先到达终点。

分析：设甲的速度为 10，则乙的速度为 9；甲退后 1m，甲跑完用时 11/10，乙用时 10/9，还是甲快。

3. 1∶1。

分析：生男生女的概率一样，都是 50%。

4. 首先在 A 国将 A 国的 100 元兑换为 B 国的 111 元，再到 B 国将 B 国的钱兑换为 A 国的钱。

分析：对方货币的 100 元只能兑换本国货币的 90 元，反过来，本国货币的 90 元能兑换对方货币的 100 元。

5. 首先分析，兄弟两个必定有一个人说真话，其次，如果两个人都说真话，那么今天就是星期日，但这是不可能的，因为如果是星期日，那么两个人都说真话，哥哥就说谎了。

假设哥哥说了真话，那么今天一定就是星期四，因为如果是星期四以前的任一天，他都得在今天再撒一次谎，如果今天星期三，那么昨天就是星期二，他昨天确实撒谎了，但今天也撒谎了，与假设不符，所以不可能是星期一、二、三。由此类推，今天也不会是星期五以后的日子，也不是星期日。

假设弟弟说了真话，弟弟是四五六说谎，那么先假设今天是星期一，昨天就是星期日，他说谎，与题设矛盾；今天星期二，昨天就是星期一，不合题意；用同样的方法可以去掉星期三的可能性。如果今天星期四，那么他今天就该撒谎了，他说昨天他撒谎，这是真话，符合题意。假设今天星期五，他原本应该撒谎但他却说真话，由"昨天我撒谎了"就知道不存在星期五、六、日的情况，综上所述，两个结论都是星期四，所以今天是星期四。

《起源于游戏的数学》拓展思维解答：

1.图中仅有两个奇结点 b 和 e，因而存在从 b 到 e 的欧拉路，蚂蚁乙走到 e 只要走一条欧拉路，边数为 9 条；而蚂蚁甲要想走完所有的边到达 e，至少要先走一条边到达 b，再走一条欧拉路，因而它至少要走 10 条边才能到达 e，所以乙必胜。

2.将四个房间和一个客厅及室外作为接点，门作为边画出下图：

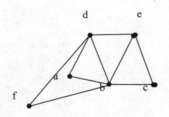

由于 b 和 e 是仅有的两个奇结点，故从前门进、后门出的欧拉路是不存在的，即本题无解。

如果把"前门进、后门出"这一条件去掉，则存在"每扇门通过一次且仅一次"的走法。请读者找出具体的走法。

5

自然中的数学

天才建筑师——蜜蜂

蜜蜂有一个连我们人类都叹为观止的本领，就是建造蜂房时显示出来的惊人的数学才华。

峰房的正六角形结构

华罗庚对蜂房作过十分形象的描述："如果把蜜蜂放大为人体的大小，蜂箱就成为一个二十公顷的密集市镇。当一道微弱的光线从这个市镇的一边射来时，人们可以看到一排排 50 层高的建筑物。在每一排建筑物上，整整齐齐地排列着薄墙围成的成千上万个正六角形的蜂巢。"

现在快递业发展迅猛，催生了"丰巢"智能快递柜等许多自助平台，大概是借用"蜂巢"的谐音吧。

大约在公元 300 年，古希腊数学家帕波斯在其编写的《数学汇编》一书中对蜂房的结构，作过精彩的描写："蜂房是蜜蜂盛装蜂蜜的库房，它由许许多多个正六棱柱状的蜂巢组成，蜂巢一个挨着一个，紧密地排列着，中间没有一点空隙。蜂房里到处是等边等角的正多边形图案，非常匀称规则。"他推测：蜂房的形状可能最省材料的："蜜蜂凭着自己本能的智慧选择了正六边形，因为使用同样多的原材料，正六边形具有最大的面积，从而可贮藏更多的蜂蜜。"

进一步的观察发现，工蜂建造的蜂巢十分奇妙，它是严格的六角柱形体。它的一端是平整的六角形开口，另一端则是封闭的六角棱锥体的底，由三个相同的菱形组成。18世纪初，法国学者马拉尔奇曾经专门测量过大量蜂巢的尺寸，令他感到十分惊讶的是，这些蜂巢组成底盘的菱形的所有钝角都是109°28'，所有的锐角都是70°32'。蜂房的巢壁厚0.073毫米，误差极小。这令人类建筑师惊叹不已！

消息传到另一位法国科学家雷奥米尔那里，引起了他的思索：这些菱形的钝角为何不是100°或110°，而偏偏是109°28'？他做出一个猜想，认为以这样的角度来建造蜂房，在相同的容积下最节省材料。后来他向一位瑞士数学家柯尼希请教。柯尼希经过精心推演，完全证实了雷奥米尔的猜想。然而计算结果是钝角和锐角分别为109°26'和70°34'，实际测量值与猜测值有2'之差。人们觉得蜜蜂的这一小点误差是完全可以原谅的，对于人类来说，这也是一个非同寻常的数学难题啊。

然而，事情并没有完结。颇具戏剧性的是，在1743年，苏格兰数学家马克劳林又重新研究蜂房的构造，用初等几何方法，经过一番演算，结果却使他大吃一惊！如果要消耗最少的材料，制成最大的菱形容器的角度，与测量值完全相同！那2'的误差，竟然不是蜜蜂不准，而是数学家柯尼希算错了。于是"蜜蜂正确而数学家错误"的说法便不胫而走。

后来才发现也不是柯尼希的错，原来是他所用的对数表印错了。

1744年初，一场海难之后的调查公布于世，海船触礁是因为航向偏离了2'，而这2'之差也是出自那本有错误的对数表。

在数学上，如果用正多边形去铺满整个平面，这样的正多边形只可能有3种，即正三角形、正方形、正六边形。蜜蜂凭着它本能的智慧，选择了角数最多的正六边形。这样，它们就可以用同样多的原材料，使蜂房具有最大的容积，从而贮藏更多的蜂蜜。也就是说，蜂房不仅精巧奇妙，而且十分符合需要，是一种最经济的结构。从这个意义上说，蜜蜂称得上是"天才的数学家兼设计师"。

人们经历了几个世纪对蜂房构造的研究，发现了蜂房结构有不少奇特的性质，这种蜂房的结构现在已被广泛地用于建筑、航空、航海、航天、无线电话等领域中，从建筑上隔音材料的构造到航空发动机进气孔的设计，都从蜂房构造中得到了启示。现在探测宇宙的太空舱的构造也呈六边形，就是借鉴了蜂房的结构。可以证明，蜂房那样的尖顶六棱柱是在相同容积下，最省原材料的结构。这样构成的整体，"刚性"较好。这恰好说明了生物与环境的关系的统一性。蜜蜂是怎样造出这样的角度来的呢？帕波斯认为是出于一种"几何的深谋远虑"，其实这只是动物的一种本能。小小的蜜蜂可真不简单，数学家到 18 世纪中叶才能计算出来，予以证实的问题，它在人类有史之前已经应用到蜂房上去了。对于蜜蜂的数学才华，不由得让我们发出由衷的赞叹。难怪著名生物学家达尔文曾经说过："如果一个人看到蜂房而不备加赞扬，那他一定是个糊涂虫。"

拓展思维：

试证明：如果用正多边形去铺满整个平面，这样的正多边形只可能有 3 种，即正三角形、正方形、正六边形。

蝉的生存策略

　　前一个故事介绍了昆虫界的一位了不起的建筑师——蜜蜂，它们建的正六边形蜂巢，经过数学计算，被证明是用最少的材料建造的最大空间。下面要给大家介绍另一位昆虫界的"数学家"——蝉，它的生存策略不得不让人叹为观止。

　　蝉，又名知了，大家都很熟悉，尤其是到了夏天，满世界都是"知了""知了"的声音，虽然让人感到有点烦，但也给炎炎夏日平添了一分情趣，你说是吗？

蝉

　　绝大多数的昆虫只有一年或更短的寿命，而一般来讲，蝉都有 3~9 年的寿命，有些种类的蝉甚至能到 13~17 年。可以说，蝉是昆虫界里最长寿的物种了。

　　可是，你们知道吗？一只蝉，它要在暗无天日的地下呆许多年，然后才能钻出土壤成为会飞会叫的知了。但短短几个星期后，他们就死了。

　　这就是蝉的一生。是不是感到很悲惨呢？

　　1630 年，来到美洲大陆的欧洲人见到了一幅奇怪的场景：仿佛是一夜之间，无数的蝉从地底下冒出来，放眼望去，黑压压一片，这可把人吓坏了。更为奇怪的是，短短的几周后，这些蝉似乎又在一夜之间消失了！

然后过了 17 年，这些奇观又一次出现。从此以后，每隔 17 年，这些蝉就要集体钻出地面，开一个热热闹闹的大派对，狂欢一番，几周后再销声匿迹。

后来，生物学家们经过长期的考察分析，终于揭开了谜团：这是北美洲特有的生命周期为 17 年的蝉。17 年里，这些小家伙都躲在地下，靠吸吮树根的汁液过活。17 年后，它们好像商量好似的，一股脑儿全从地底下钻出来了。

生物学家们继续对蝉的生命周期进行研究，他们逐渐发现，北美主要有两种蝉，一种蝉的生命周期为 17 年，另一种为 13 年，而亚洲的蝉的生命周期主要为 5 年或 3 年。

17，13，5，3，这些数字有什么特别的地方吗？让你想到了什么？

对，这些数字都是质数！

大家都知道，一个大于 1 的自然数，除了 1 和它自身外，不能被其他自然数整除的数叫做质数；否则称为合数。质数又称素数。

为什么蝉的生命周期是质数？这是巧合，还是蝉有意为之？

对此，科学家给出了两个结论：**第一，躲避天敌；第二，避免同类相争。**

一、选择质数周期可以躲避天敌

蝉虽然长得丑陋、凶悍，但实际上并没有任何自卫武器，飞起来也十分缓慢，所以几乎所有的食虫动物都是它们的天敌，尤其是鸟类，蝉对它们来说，简直就是唾手可得的美味。

螳螂也是位捕蝉高手，有句成语不就是这么说的么："螳螂捕蝉，黄雀在后。"

打又打不过人家，跑又跑不过人家，在如此恶劣的生存环境下，蝉该怎么办？

正所谓"惹不起，咱还躲不起吗？"于是，蝉就选择了将其生命周期进化成质数。因为这样，蝉从地下钻出来的时候，就可以尽可能地降低与天敌相遇的可能性了。

例如，如果一种蝉的生命周期为 6 年，而它的天敌的生命周期分别为 2 年、3 年和 4 年，那么，这种蝉就倒霉了，因为它们每次憋足了劲钻出土地时，总会遇见生命周期为 2 年和 3 年的天敌；与生命周期为 4 年的天敌，也将每 12 年就相遇一次。

如果这种蝉，它将生命周期缩短为 5 年，结果会如何？

有同学可能会认为将生命周期缩短了，那岂不是更容易遇见天敌了？可不要想当然，要仔细分析。

将生命周期缩短为 5 年后，与天敌相遇的时间反而拉长了：它与 2 年周期的天敌要 10 年才相遇一次，与 3 年周期的天敌要 15 年才相遇一次，与 4 年周期的天敌要 20 年才相遇一次呢！

这是什么魔力？质数！因为 5 是质数，只有 1 和自己本身两个因数。

若蝉的天敌生命周期为 2 年，也就是说每 2 年天敌会大量出现一次的话，那么 14 和 16 年蝉钻出土壤的时候，必然会碰到天敌；如果天敌的生命周期是 3 或 5 年的话，15 年蝉就会碰到天敌。也就是说，如果蝉碰到的天敌的生命周期是蝉生命周期的因子，那蝉被捕食的几率就会大幅提升。如果 15 年蝉在某一次大量钻出土壤时，遭遇到周期为 3 年的天敌大量猎杀，那下一次 15 年蝉钻出土壤时，也必然会有同样的遭遇。如果是 17 年蝉呢？假如今年钻出土壤时遇到 3 年周期的天敌，那么下次与这种天敌碰面的时候就是 51 年后了，中间还有两次可以安全钻出土壤好好地繁殖下一代，所以以质数作为周期的蝉存活率会大幅提升，就能在自然界中存活下来。

因此生物学家得出结论：蝉在刚开始的时候，生命周期从 1 年、2 年、3 年以至 17 年不等。生命周期为质数的蝉，与天敌相遇的次数要远远少于其他种类的蝉，所以这些蝉顽强地活了下来，而那些不懂得将生命周期变成质数的蝉，在天敌的大量捕猎中渐渐灭绝了。

二、选择质数周期可以避免竞争

蝉为了生存，不仅要和自己的天敌"打游击"，还要和自己的同类"打游击"。因为自然界的资源有限，如果大家都挤到一块的话，势必会出现僧多粥少的局面。于是聪明的蝉就尽可能地将自己的生命周期加以调整，避免和其他种类的蝉一同出现。

就拿北美洲的两种最常见的蝉来说吧，17 年的蝉和 13 年的蝉要想碰一次面最少需要多少年呢？即求 17 和 13 的最小公倍数，因为它们都是质数，最小公倍数只能相乘，即 221 年！

如果两种蝉的生命周期不是质数，例如分别是 18 年和 12 年，那它们每 36 年就要相遇一次了。

蝉为了从天敌口中逃脱，以及避免同类相争，因而将生命周期进化为质数。亲爱的同学，你们说，蝉的"数学思维"是不是很不一般呢？

那么蝉是如何知道计算质数的呢？也许它们并不知道，毕竟它们只是蝉。这种模式的出现可能是达尔文式自然选择的结果：生命周期中约数较多的蝉都被捕食者吃光了，存活时间不足以产生足够多的后代。那些生命周期凑巧是较大的质数的蝉表现最好，活得最久，后代最多，结果成了蝉中的幸存者。

其实，无数无意识的寄生昆虫只为自己的利益而活，但有一只"看不见的手"，可以创造数学上精确的高度组织化行为，从而对整个种群有利。至少蝉是如此。

数学是揭示大自然奥秘的真正钥匙。

人类已经研究蝉几百年，以上只是一些猜测的结论，但远不能说已完全摸清这些小生命各种特征的来龙去脉。我们切不可盲目自大，认为人类是万物灵长，无所不知，人类对自身、对自然、对大千世界，仍然是个懵懂无知的孩子，许多事情的来龙去脉我们尚无从得知，对周期蝉如此，对其他事情也应如此，只有孜孜不倦地探索，我们才能了解得更多。

周期蝉的存在为炎炎夏日的蝉鸣增添了一丝神秘色彩，也激发了我们进一步探究生物界的好奇心。

质数的应用领域非常广泛。

质数被应用在密码学上，所谓的密钥就是将想要传递的信息在编码时加入质数，编码之后传送给收信人，任何人收到此信息后，若没有收信人所拥有的密钥，则解密的过程中（实为寻找质数的过程），将会因为找质数的过程（分解质因数）过久，即使取得信息也会失去意义。

在汽车变速箱齿轮的设计上，相邻的两个大小齿轮齿数最好设计成质数，以增加两齿轮内两个相同的齿相遇啮合次数的最小公倍数，可增强耐用度减少故障。

在害虫的生物生长周期与杀虫剂使用之间的关系上，杀虫剂的质数次数的使用也得到了证明。实验表明，质数次数地使用杀虫剂是最合理的：都是使用在害虫繁殖的高潮期，而且害虫很难产生抗药性。

以质数形式无规律变化的导弹和鱼雷可以使敌人不易拦截。

奇妙的对数螺线

我们把指数函数 e^x 换成极坐标，就变成了 e^θ，θ 是点与极轴的夹角。这时的指数函数就会变成下图的样子，这个螺线叫**对数螺线**，又叫**等角螺线**。

之所以叫等角螺线，是因为在极坐标中，螺线和射线的夹角始终是一个固定夹角，这就是等角的含义。

对数螺线是由笛卡尔在1638年发现的。雅各布·伯努利后来重新研究之。他发现了对数螺线的许多特性，如对数螺线经过各种适当的变换之后

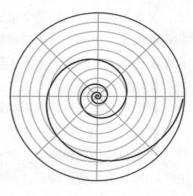

对数螺线

仍是对数螺线。他十分惊叹和欣赏这曲线的特性，竟在遗嘱里要求后人将对数螺线刻在自己的墓碑上，并附以颂词"纵然变化，依然故我"，用以象征死后永生不朽，并幽默地写上"我将按着原来的样子变化后复活"的墓志铭。遗憾的是雕刻者误将阿基米德螺线刻了上去。

科学家发现，对数螺线在自然界中广泛存在。大如星系、台风，小如花朵、海螺……宇宙中到处都是对数螺线的身影。

当我们观察园蛛，会发现它的网并不是杂乱无章的，那些辐排得很均匀，每对相邻的辐所交成的角都是相等的；蜘蛛在织网时，首先要在两地之间架"天索"，把丝固定在一定的地方，并

在固定的丝上来回走几趟，使丝加粗。然后在"天索"上设置对角线，再在对角线的中央织一个白点，这是将来网的中心。以后往返于中心和圆周之间织许多呈辐射状的半径线。接着自圆心向外作第一螺旋线，再自外向里织粘性强的第二螺旋线。

织好第二螺旋线后，将第一螺旋线及其部分射线吃掉，并继续自外向里作螺旋线。愈近中心，每圈间的距离也愈密，直到不可辨认的地步。这正符合数学上的对数螺线的情况。蜘蛛的确不愧是"数学家""织网家"。

蜘蛛网中的对数螺线

对数螺线是一根无止尽的螺线，它永远向着极绕，越绕越靠近极，但又永远不能到达极。即使用最精密的仪器，我们也看不到一根完全的对数螺线。这种图形只存在科学家的假想中，可令人惊讶的是小小的蜘蛛也知道这线，它就是依照这种曲线的法则来绕它网上的螺线的，而且做得很精确。

螺旋线还有一个特点。如果你把一根有弹性的线绕成一个对数螺线的图形，再把这根线放开来，然后拉紧放开的那部分，那么线的运动的一端就会画成一个和原来的对数螺线完全相似的螺线，只是变换了一下位置。

那么，难道有着这些特性的对数螺线只是几何学家的一个梦想吗？这真的仅仅是一个梦、一个谜吗？它究竟有什么用呢？

事实上，对数螺线在自然界中是普遍存在的。比如，有许多动物的壳体都采取这一结构。有一种蜗牛的壳就是依照对数螺线构造的。世界上第一只蜗牛知道了对数螺线，然后用它来造壳，一直到现在，壳的样子还没变过。

有一种古老的壳类生物鹦鹉螺，它们还是很坚贞地守着祖传的古老法则，它们的壳和世界初始时它们的老祖宗的壳完全一样，也就是说，它们的壳仍然是依照对数螺线设计的。并没有因时间的流逝而改变。

鹦鹉螺

可是这些动物是从哪里学到这种高深的数学知识的呢？又是怎样把这些知识应用于实际的呢？有这样一种说法，说蜗牛是从蠕虫进化来的。某一天，蠕虫被太阳晒得舒服极了，无意识地揪住自己的尾巴玩弄起来，便把它绞成螺旋形取乐。突然它发现这样很舒服，于是常常这么做。久而久之便成了螺旋形的了，做螺旋形的壳的计划，就是从这时候产生的。

但是蜘蛛呢？它从哪里得到这个概念呢？因为它和蠕虫没有什么关系。然而它却很熟悉对数螺线，而且能够简单地运用到它的网中。蜗牛的壳要造好几年，所以它能做得很精致，但蛛网差不多只用一个小时就织好了，所以它只能做出这种曲线的一个轮廓，尽管不太精确，但这确实是算得上一个螺旋曲线。是什么东西在指引着它呢？除了天生的技巧外，什么都没有。天生的技巧能使动物控制自己的工作，它们天生就是这样的。没有人教它们怎么做，而事实上，它们也只能做这么一种，蜘蛛自己不知不觉地在练习高等几何学，靠着它生来就有的本领很自然地工作着。

车前草的叶片是轮生的，在茎上排列成螺旋状，这样能很好地镶嵌而又互不重叠，这是采光面积最大的排列方式，有效地提高了植株光合作用的效率。建筑师们参照车前草叶片排列的这一原理，设计出现代化螺旋式的高楼，可以使高楼的每个房间都很明亮，达到较佳的采光效果。

向日葵花盘上的果实呈现对数螺线的弧形排列，这样就可以使果实排得最紧、数量最多、产生后代的效率也最高。

向日葵花盘

对数螺线在自然界，尤其是生物界非常常见，向日葵、车前草、菊的种子、蜘蛛、鹦鹉螺、蜗牛、海螺、星体运行轨迹、象鼻、动物的角和毛……自然界中的生物总是倾向于选择最佳的可行方案，这意味着自然系统总是力争最优性能。

螺旋线被广泛应用于各个方面：在工业生产中，把抽水机的涡轮叶片的曲面作成对数螺线的形状，抽水就均匀；在农业生产中，把轧刀的刀口弯曲成对数螺线的形状，它就会按特定的角度来切割草料，又快又好。机械上的螺杆、螺帽、螺钉和日常用品的螺丝扣等都是螺旋线，枪膛中的膛线也是螺旋线，就连一些楼梯也是螺旋状的。被称为"世界七大奇观"之一的意大利比萨斜塔的楼梯，便是294阶的螺旋线。

对数螺旋线是一种奇妙的曲线，优美的曲线，"生命的曲线"，盘旋扩大而上升至远方、更远方，以至无穷，向下盘旋而缩小，又无法找出其出发点。自然界的一切，都像螺旋线那样的美；自然界的一切，都像螺旋线那样呈现出无限宽广的图景。大自然中有许许多多的奥妙，人类总是先发掘然后应用到人类世界中来。

这种自然的几何学告诉我们，宇宙间有一位万能的几何学家，他已经用他神奇的工具测量过宇宙间所有的东西。所以万事万物都有一定的规律。

自然界中的斐波那契数列

在第一章中，曾经述及兔子数列，它又名斐波那契数列或黄金分割数列，指的是这样一个数列：1，1，2，3，5，8，13，21，34，……，即从第三项开始，每个数都是它前面的两个数的和。

随着数列项数的增加，前一项与后一项之比越来越逼近黄金分割的数值 0.6180339…，故又称"黄金分割数列"。

斐波那契数列有许多奇妙的性质，在生物学上有着广泛的应用。

比如说，各种花的花瓣片数存在着奇特的规律，花瓣的数目是如下序列数字中的一个 3，5，8，13，21，34，55，89。例如，百合花的花瓣有 3 瓣，毛茛属植物有 5 瓣，许多翠雀属植物有 8 瓣，万寿菊有 13 瓣，紫菀属植物有 21 瓣，大多数雏菊有 34，55 或 89 瓣。

百合花

蝴蝶花   雏菊

另外，观察延龄草、野玫瑰、南美血根草、大波斯菊、金凤花、耧斗菜、蝴蝶花等的花瓣，可以发现它们花瓣数目具有斐波那契数列特征：

3……百合和蝴蝶花

5……耧斗菜、金凤花、飞燕草

8……翠雀花

13……万寿菊

21……紫宛

34，55，89……雏菊

斐波那契数还可以在植物的叶、枝、茎等排列中发现。例如，在树木的枝干上选一片叶子，记其为数 0，然后依序点数叶子（假定没有折损），直到到达与那些叶子正对的位置，则其间的叶子数多半是斐波那契数。叶子从一个位置到达下一个正对的位置称为一个"循回"。叶子在一个循回中旋转的圈数也是斐波那契数。在一个循回中叶子数与叶子旋转圈数的比称为叶序（源自希腊词，意即叶子的排列）比。多数的叶序比呈现为斐波那契数的比。

不可思议的是，在自然界中，似乎完全没有秩序的植物彼此相隔的距离或叶子的生长，都被斐波那契数列支配着。数学家泽林斯基在一次国际数学会议上提出树木生长问题：由于新生的枝条，往往需要一段"休息"时间，供自身生长，而后才能萌发新枝。例如一株树苗生长一年以后长出一条新枝，第二年新枝"休息"，老枝依旧萌发；此后，老枝与"休息"过一年的枝同时萌发，当年生的新枝则次年"休息"。这样，一株树木各个年份的枝桠数，便构成斐波那契数列。这个规律，是生物学上著名的"鲁德维格定律"，实际上就是斐波那契数列在植物学中的应用。

经过进一步研究，生物学家们还发现，雏菊花花蕊的隅形小花的排列是 21∶34，松果球则是 5∶8，而菠萝是 8∶13。这些数字正好是"兔子数列"的相邻两数的比，因此它们的形状特别艳丽漂亮。

向日葵的花盘也遵循斐波那契数列的规律。

通过细致的观察可以发现，向日葵花盘中的种子是按对数螺线排列的，有 2 组螺旋线，一组顺时针方向盘绕，另一组则逆时针方向盘绕，并且彼此相嵌。虽然不同的向日葵品种中，这些顺逆螺旋的数目并不固定，但往往不会跳出 34 和 55，55 和 89，89 和 144 这 3 组数字。更奇妙的是，这每组数字都是斐波那契数列中相邻的 2 个数，很有趣吧！

除了向日葵，松果也符合这一奇妙的自然规律。

 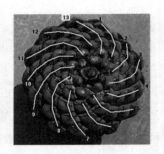

数学家们接着生物学家的工作继续研究"兔子数列",发现了更为奇特的数字现象:相邻斐波那契数之比率如,34/55 = 0.6182……竟越来越接近 0.618034,这个数被数学家公认为黄金分割数,简称黄金比,它是一个更为奇妙的数。

是这些植物懂得斐波那契数列吗?应该并非如此,它们只是按照自然的规律才进化成这样。这似乎是植物排列种子的"优化方式",这样排列的目的,是为了让植物能更充分地利用阳光和空气,繁育更多的后代。它能使所有种子具有差不多的大小却又疏密得当,不至于在圆心处挤了太多的种子,而在圆周处又稀稀拉拉。叶子的生长方式也是如此,对于许多植物来说,每片叶子从中轴附近生长出来,为了在生长的过程中一直都能最佳地利用空间(要考虑到叶子是一片一片逐渐地生长出来,而不是一下子同时出现的),每片叶子和前一片叶子之间的角度应该是 222.5°,这个角度称为"黄金角度",因为它和整个圆周 360° 之比是黄金分割数 0.618033989……的倒数,而这种生长方式就决定了斐波那契螺旋的产生。

所有这一切向我们展示了许多美丽的数学模式。而对这些自然、社会及生活中的许多现象的解释,最后往往都能归结到斐波那契数列上来。斐波那契数列这颗古老的数学明珠仍然散发着迷人的光芒。

萤火虫为什么会同步闪光

大家都听到过知了叫，但是你注意过在自然界里有这样一个奇妙的现象吗？那就是，不管有多少知了，也不管有多少树，它们的鸣声总是一致的。这是为什么？谁在指挥着它们合唱呢？

自然界中许多生物都存在一种同步现象，萤火虫便是其中的一例。据说萤火虫有一个特性，每只萤火虫在自然条件下闪光的频率是不同的，而如果有一群萤火虫被放到同一个容器内，过不多久就会发现萤火虫的闪光节奏居然同步了！每一只萤火虫的闪光频率都对它周边的萤火虫有影响。当个体受到身边萤火虫闪光的影响时，就会及时调整自己的闪光频率，最终所有萤火虫的闪光频率都会趋于一致。简单地说，就是每只萤火虫都在带节奏，每只萤火虫也都被节奏带，最终它们的节奏就一致了。

最为壮观的景象之一发生在东南亚。在那里，一大批萤火虫同步闪光。1935年，《科学》杂志发表了一篇题为《萤火虫的同步闪光》的论文。在这篇论文中，美国生物学家史密斯对这一现象作了生动的描述："想象一下，在160m长的河岸两旁是不间断的芒果树，

张婷 绘

每棵 10~12m 高的树上，每一片树叶上都有一只萤火虫，所有的萤火虫大约都以每 2 秒 3 次的频率完全一致同步闪光，而这些树在两次闪光之间漆黑一片。如果你有足够丰富的想象力的话，就一定会对这一惊人奇观产生某种想法。"

这时候，大家难免会在脑中浮现出几个问号：难道在众多萤火虫中间会产生什么"生物波"来影响单一个体的闪光频率？难道萤火虫群体内部有一只领头的"大哥"在指挥运作，就像是羊群内部都有个领头羊一样？

1990 年，米洛罗和施特盖茨借助数学模型给了一个解释。这种模型中，每个萤火虫都和其他萤火虫相互作用。建模的主要思想是把诸多昆虫模拟成一群彼此靠视觉信号耦合的振荡器，每个萤火虫用来产生闪光的化学循环被表示成一个振荡器，萤火虫整体则表示成此振荡器的网络——每个振荡器以完全相同的方式影响其他振荡器。这些振荡器是脉冲式耦合，即振荡器仅在产生闪光一瞬间对邻近振荡器施加影响。米洛罗和施特盖茨证明不管初始条件如何，所有振荡器最终都会变得同步。这个证明的基础是吸附概念。吸附使两个不同的振荡器"互锁"，并保持同相，由于耦合完全对称，一旦一群振荡器互锁，就不能解锁。

萤火虫利用一种特殊的发光物质来产生闪光，这种发光物质在萤火虫体内很充足，但它们只是按照重复的"准备发光"周期一次一点儿地释放这种物质。在数学上这样一种周期过程就是一个振荡子。为什么系统会振荡呢？这是因为，如果你不愿意（或者不能够）始终保持静止，那么你能做的最简单的事情就是来回振荡，就好像一只被关在笼子里焦虑地来回踱步的老虎。

对于萤火虫，振荡是通过一种所谓"整合—触发"的机制产生的。即某种量不断增大，直至到达一个阈值，然后便触发一个动作的发生，最后该量就返回到零，然后又开始逐渐增加。

但是同步现象是怎样产生的呢？实验证明，某些萤火虫在发现一次闪光时就兴奋起来，而它们自己的相位也突然增加，使它们离阈值更近了。这样的振荡子被称为耦合的，如果耦合振荡子仅在触发时对其它振荡子产生影响，那么这种耦合就被称为脉冲耦合。

在我们的周围也有类似的有趣现象。比如说会场的掌声，如果掌声持续时间较长，往往节奏就会变得一致起来，这个情况不是指跟着音乐的节奏，而是指领导讲话完毕后的掌声。并没有人领掌，每个人的掌声节奏都在影响周围人，离得越近的人受的影响越大，离得越远的人受的影响越小。每一个人都是影响整个会场节奏的一个小中心，但同时每一个人也受到其他所有人掌声节奏的或大或小的影响，在这个复杂的相互交织作用下，就产生了掌声同步的现象。

分形——自然界中的几何

冬天窗玻璃上的精致窗花，蓝天中漂移的美丽白云，树上一片具有精致轮廓的叶子……这些物体都会让你感觉到一种难以形容的美。但它们又同我们在数学课中所学的几何中的图形不同，而一提起几何学，大家往往就会感觉到冰冷和枯燥。那么，它们的差异在哪里呢？

我们在学校里学的是古典的欧几里得几何。这种几何告诉我们，物体是线性的，有序的，甚至是对称的。但它无法真正描述清楚一片云朵，一座山峰，一道海岸线，一棵树，甚至一片树叶。云朵并不是球体，山岳也非立方体，海岸线并不是圆圈，树皮并不光滑，连光也不是直线传播的。

1967 年，美籍法国数学家和计算机专家曼德布罗特在国际权威的美国《科学》杂志上发表了一篇具有划时代意义的论文，它的标题是《英国的海岸线有多长？统计自相似性与分数维数》。

英国的海岸线有多长？这问题好像非常简单，拿把尺子去量一下不就知道了？

他的答案却让你大吃一惊：他认为，无论你做得多么认真细致，你都不可能得到准确答案，因为根本就不会有准确的答案。英国的海岸线长度是不确定的！它依赖于测量时所用的尺度！

原来，海岸线由于海水长年的冲涮和陆地自身的运动，形成了大大小小的海湾和海岬，弯弯曲曲、极不规则、极不光滑。

假如你用飞机航拍，然后按适当的比例尺计算这些照片显示的海岸总长度，其答案是否精确呢？否！因为，你在高空不可能区别许多的小海湾和小海岬。

现在再假设你就在地面上，测量其长度时如以千米为单位，则几米到几百米的弯曲就会被忽略掉了；如果改成以米为单位测量，则能测出被忽略掉的迂回曲折，长度将变大；测量单位进一步变小，测得的长度将愈来愈大。

如此等等，采用的量度越精密，海岸线就显露出更多的细节，而你获得的海岸线长度就越大，长度依赖于测量单位。可以设想，用分子、原子量级的尺度为单位时，测得的长度将是一个天文数字。

下面一个有趣的例子也许可以帮助你理解这一点。

瑞典人科赫 1904 年提出了著名的"雪花"曲线。

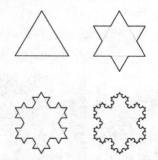

科赫曲线画法如下：

1. 任意画一个正三角形，并把每一边三等分；

2. 取三等分后的一边中间一段为边向外作正三角形，并把这"中间一段"擦掉；

3. 重复上述两步，画出更小的三角形。

反复进行这一过程，就会得到一个"雪花"模样的曲线，称为科赫曲线或雪花曲线。

科赫曲线有如下特点：

1. 总长度趋向无穷大；

2. 面积是有限的。

这里产生一个匪夷所思的悖论："无穷大"的边界，包围着有限的面积！

1975 年，已经在 IBM 研究室工作的曼德布罗特创造了"分形"这一术语，1983 年出版《自然界的分形几何》，分形概念迅速传遍全球，"分形几何"成为几何学一个非常年轻的分支。

我们把具有某种方式的自相似性的图形或集合称为分形。自相似性就是局部与整体相似，局部中又有相似的局部，每一小局部中包含的细节并不比整体所包含的少，不断重复的无穷嵌套，形成了奇妙的分形图案。

大自然是一个优秀的设计师，将许多事物有规律地组合在一起。分形是如此的美丽，而且在自然界中普遍存在……

花椰菜

孔雀羽毛

瀑布

闪电

　　分形的自相似性反映了自然界局部与局部、局部与整体在形态、功能、信息、时间与空间等方面的具有统计意义上的自相似性。可以这么说，**自然界是以分形的形式存在和演化的。**

　　比较传统的欧几里得几何中所描述的平滑的曲线、曲面而言，分形几何更能反映大自然中存在的许多景象的复杂性。当我们仔细观察周围世界时，会发现许许多多类似分形的事物。大如蜿蜒起伏连绵不断的群山，天空中忽聚忽散的白云，小至各种植物的结构及形态，遍布人体全身纵横交错的血管，它们都或多或少表现出分形的特征。如果说，欧氏几何是用抽象的数学模型对大自然作了一个最粗略的近似，而分形几何则对自然作了更精细的描述。分形是大自然的基本存在形式，无处不在，随时可见。

　　分形是大自然中的几何学。当我们了解了分形几何后，看待周围一切的眼光都和过去不一样了。

　　物理学家惠勒说过："谁不知道熵概念就不能被认为是科学上的文化人，将来谁不知道分形概念，也不能称为有知识。"

　　分形无时无处不在，应用非常广泛，例如地球科学领域中海岸线与河流的分形、地震分形、矿藏分布分形、降水量分形等；生命科学领域中核酸结构分形、蛋白质结构分形、肺泡结构分形、微血管结构分形等；社会学领域中经济系统分形、经济收入分配分形分维、金融市场价格的分形分维。

分形在大自然中的普适性被发现以后，在各个领域得以拓展，例如分形美学、分形艺术、分形建筑、分形音乐等。分形几何不仅展示了数学之美，也揭示了世界的本质，还改变了人们理解自然奥秘的方式；可以说分形几何是真正描述大自然的几何学，对它的研究也极大地拓展了人类的认知疆域。

分形使人们觉悟到科学与艺术的融合，数学与艺术审美上的统一，使昨日枯燥的数学不再仅仅是抽象的哲理，而是具体的感受；不再仅仅是揭示一类存在，而是一种艺术创作。分形搭起了数学与艺术的桥梁。

分形的思想源泉来自大自然，但分形艺术是纯数学和计算机的产物。分形艺术创作是对美最纯粹的追求，世界以她特有的方式诉说着美的本质，那一幅幅精美绝伦的分形艺术作品是最好的证明。分形使人们觉悟到科学与艺术的融合，数学与艺术审美上的统一。

分形图案示例

这些奇妙、美丽的图画，超乎想象，令人心醉，但不是美术大师的创作，而是数学和计算机的杰作！

分形艺术与普通电脑绘画不同，不需要有很深的美术功底，创作者要有很深的数学功底，此外还要有熟练的编程技能。

分形艺术作为一颗科学与艺术完美结合的明珠，有着广阔的发展前景，能产生巨大的经济效益。例如：

1. 起到室内装饰作用，如大型壁画、居室装饰画、日历、地板、家具、瓷砖图案、艺术墙纸等；

2. 作为设计素材使用，如制作新颖的广告画面，各类商品包装的设计、网站设计等；

3. 将分形艺术图形应用到各种布局中，比如舞台设计、园林设计、建筑设计等；

4. 用于纺织工业，如文化衫图案、装饰布料设计、刺绣花样设计、真丝方巾印花、时装设计、床上用品花样设计等；

5. 用于公共媒体播放；

6. 用于珠宝首饰设计；

7. 摄影相关应用，如婚纱摄影、个人写真摄影背景等。

看了这个分形的故事，当屏幕上出现精美绝伦的图案时，以假乱真的模拟图象、亦真亦假的虚幻境界是否能激起你创作的灵感？如果你想自己动手制作一幅分形作品，下面提供几个常用的制作分形图形的的软件，和几个分形网站的网址。

常用软件：

- Ultra Fractal
- Fraciant
- GNU Xaos
- Visions of Chaos
- Apophysis
- chaoscope

分形网站：

分形艺术网 www.fxysw.com

www.fractal.cn

人体的对数感觉

对数的发明是数学中的一件大事，它的用途及其广泛，下面给大家举一些例子。

地震震级与对数

6 级地震与 7 级地震，表面上看起来只相差一级，我们有时感觉两者的差别并不大。事实真的是这样的吗？为了解实际情况如何，我们需要明白衡量地震强度大小的方法。

地震级数是里氏地震规模地震强度大小的一种度量，根据地震释放能量的多少来划分。目前国际上一般采用两位美国地震学家里兹特和古腾堡于 1935 年共同提出的震级划分法，即现在通常所说的里氏地震规模。

震级直接与震源所释放的能量的大小有关，可以用下述关系式表达：

$$\lg E = 4.8 + 1.5M$$

式中，M 表示震级，E 表示地震能量。

根据上式，可推导出：$\dfrac{E_2}{E_1} = 10^{1.5(M_2 - M_1)}$

所以，地震震级每提高一级，地震能量提高约 31.6 倍，因为 $10^{1.5} \approx 31.6$；

地震震级每提高两级，地震能量提高 1000 倍，因为 $10^3 = 1000$；

地震震级每提高三级，地震能量提高约 31623 倍，因为

$10^{4.5} \approx 31623$ 。

即使震级只相差 0.1 级，释放的能量也要相差约 1.4 倍，因为 $10^{0.15} \approx 1.4$ 。

2008 年 5 月 12 日发生在四川汶川地区的大地震，是中华人民共和国成立以来破坏力最大的地震，也是唐山大地震后伤亡最严重的一次地震。

唐山大地震的震级为 7.8 级，而汶川大地震一开始速报的震级也是 7.8 级，随后，根据国际惯例，地震专家利用包括全球地震台网在内的更多台站资料，对这次地震的参数进行了详细测定，据此对震级进行修订，修订后震级为里氏 8.0 级。虽然 8.0 级地震与 7.8 级地震之间相差的只是 0.2 个级别，但按其释放能量来说，应该是 2 倍之差！因为 $10^{1.5 \times 0.2} = 10^{0.3} \approx 2$ 。

例如，前段时间发生在九寨沟的地震为 7.0 级，而发生在新疆的地震为 6.6 级，两者能量相差约 4 倍，因为 $10^{1.5 \times 0.4} = 10^{0.6} \approx 4$ 。

所以，地震的能量和震级并不是成正比关系，而是呈指数级增长！

用数学方式描述自然现象似乎是人类的需要。大概人们希望从中发现一些方法，以便能够控制自然——也许只是通过预报。就像地震那样，初看起来似乎很难与对数之间有什么关联。但用以测量地震强度大小的方法，却把两者联系起来。

星星亮度的等级

晴朗的夜晚，天空繁星点点，有的明亮，有的暗淡。那么，它们的亮度是如何来规定的呢？

公元前 2 世纪，古希腊天文学家喜帕恰斯在爱琴海的罗德岛建立观星台，并在天蝎座看到一颗陌生的星。为了描述这颗前人没有记录的星星，他决定绘制一份详细的星图。经过顽强的努力，这份标有上千颗恒星位置和亮度的星图诞生了。喜帕恰斯将恒星按照亮度分成等级，最亮的二十颗作为一等星，最暗的作为六等星，中间又有二等星、三等星、四等星、五等星。喜帕恰斯在 2100 多年前创立的"星等"的概念一直沿用到今天。

到了 1850 年，由于光度计在天体光度测量中的应用，英国天文学家普森把肉眼能看见的一等星到六等星做了比较，发现星等相差 5 等的亮度之比约为 100 倍，并注意到星等级的差别在明亮程度上是按等比变化的，于是由 $\sqrt[5]{100} \approx 2.512$，可知星等数每相差 1 等的亮度大约相差 2.512 倍。由此，普森给出一个公式：$m_2 - m_1 = -2.5 \lg \dfrac{E_2}{E_1}$，其中 m_1, m_2 表示两个星体的星等，E_1, E_2 表示它们的亮度。这个星等尺度的定义一直沿用至今。

当然，随着 17 世纪天文望远镜的出现，现在对天体光度的测量越来越精确，星等也分得越来越精细，由于星等范围太小，又引入了负星等，来衡量极亮的天体，把比一等星还亮的定为零等星，比零等星还亮的定为－1 等星，依此类推，同时，星等也用小数表示。例如，天狼星为－1.45 等星，老人星为－0.73 等星，织女星为 0.04 等星，牛郎星为 0.77 等星。

需要说明的是，我们这里说的"星等"，实际上反映的是从地球上看到的天体的明亮程度，在天文学上称为"视星等"。天文学上还有一个"绝对星等"的概念，它才反映了天体的实际发光本领，限于篇幅，我们这里就不介绍了，同学们如果想了解更多这方面的知识，可以自己去找资料。

声音的强度

响亮度是声音的重要特性之一。强的声音有较大的压强变化，弱的噪音压力变化则较小。压强的量度单位为帕斯卡，缩写为 Pa，定义为 N/m^2。

人类的耳朵能感应声压的范围很大。正常的人耳能够听到最微弱的声音叫作"听觉阈"，为 20 微帕斯卡的压强变化，即 20×10^{-6} Pa（1 微帕斯卡等于百万分之一帕斯卡）。

非常吵的声音能产生很大的压强变化。例如一艘航天飞机在升空时能在近距离产生大约 2000 Pa，即或 2×10^9 Pa 的噪音。

如果用微帕来表达声音的强度，须处理小至 20 大至 2000000000 的数字，颇为不便。

为此，声学中引入了"声压级"的概念，其单位叫做"分贝"（dB），就是用一个以 10 作为底数的对数标度来表达声音的响亮度。该标度以"听觉阈"，即 20 微帕作为参考声压值，并定义这声压水平为 0 分贝，一般声音的分贝数为声压级 (dB) $= 20 \lg \dfrac{P}{20}$，其中 P 为量度到的实际声压（单位为微帕）。

可以看到，声压级的概念是用对数定义的，每增加 20 分贝，声音强度就增大 10 倍。举一个例子，大声说话的声音为 60 分贝，而一个 120 分贝的摇滚音乐会，声音强度不是大声说话环境的两倍，而是 1000 倍！

为增加对分贝概念的感性认识，下面列举几种声音对应的分贝值：人耳刚刚能听到的声音是 0~10dB，低声说话约为 30dB，普通办公室的环境噪声大约 50~60dB，大声说话约为 60~70dB，织布车间的噪声约为 110~120dB，小口径炮产生的噪声约为

130~140dB，大型喷气飞机起飞时的噪声约为 150~160dB。值得一提的是，有些重金属摇滚音乐会，音量超过 120 分贝，已经达到或超过人耳能忍受的最强声音（称"触觉阈"），就会引起人的不适，严重的会引发暂时性耳聋。

使用分贝的好处，一是读写、计算方便。假如某一处的声压是听觉阈的 100 倍，那么它们的比值就是 100，取常用对数再乘以 20，则该处的声压级为 40dB。同理，假如某一处的声压是听觉阈的 100000 倍，那么它们的比值就是 100000，取常用对数再乘以 20，则该处的声压级为 100dB。从这两个例子可以看出，声压与听觉阈的比值从 100 倍变为 100000 倍，增加了 1000 倍，用声压级表示仅增加了 60dB，可见用声压级表示声音的大小，比采用声压来表示要简单的多。

二是能如实地反映人对声音的感觉。实验证明，声音的分贝数增加或减少一倍，人耳听觉响度也提高或降低一倍，即人耳听觉与声音功率分贝数成正比。例如蚊子叫声与大炮响声相差 100 万倍，但人的感觉仅有 60 倍的差异。

"声压级"给我们的启发是，如果要处理范围较广的数字，对数标度是一个很好的手段。其实，它还反映了重要的规律：人类的听觉反应是基于声音刺激的相对变化而非绝对的变化。对数标度正好能模仿人类耳朵对声音的反应。

神奇的是不仅在听觉方面，在视觉等其他很多方面，人类的感觉强度与刺激强度的对数成正比。如我国常见的对数视力表，显然也是按照对数原理打造的。

那么，物理事件与心理事件究竟具有什么关系呢？

19 世纪，德国著名心里学家韦伯·费希纳给出如下定理：

$S = K \lg R$，其中 S 为感觉强度，R 为刺激强度，K 为常数。

这一著名公式确定了心理与生理之间的定量关系。

费希纳定律是一个表达简单的定律，这个定律说明了人的一切感觉，包括视觉、听觉、肤觉（含痛、痒、触、温度）、味觉、嗅觉、电击觉等等，都遵从感觉不是与对应物理量的强度成正比，而是与对应物理量的的强度的常用对数成正比的，即当刺激强度以几何级数增加时，感觉的强度以算术级数增加。因为这个定律，心理物理学才作为一门新的学科建立起来。他的研究表明，对数不仅出现在自然界，而且还与我们人类本身密切相关。

前面举的星辰亮度的等级、地震的量级、声压级都是用对数定义的。这种定义方式除了可以很好地处理范围很大的变化区域外，还与人的对数感觉恰好是相适应的。事实上，星辰亮度等级的定义最初依靠的正是人们的感觉。也就是说，把星体的明亮度之比的对数作为明亮度的差是我们实际感受到的，这意味着人类的感觉中有取对数的操作本能。

那么，为什么会这样呢？下面给出一种解释。

人类所处的自然环境变化是非常大的。以光为例，白天的日光比晚上无月时的星光，强度相差了百万数量级以上的倍数，但人在白天可以看到东西，晚上也可以只依赖星光走路。声音也是如此，猎人可以听到猎物在落叶上走动的轻微声音，也能听到强度要大上百万级的雷声。

为了能具有看到或听到极强或极弱的光或声的能力，我们的感官反应进化成了对数型。

当刺激很小的时候，我们要变的比较"敏感"一些，以察觉非常细小的绝对差异（这时候细小的绝对差异才更有意义）；当刺激强度大的时候，就变得相对不那么敏感，因为这时候细小的绝对差异意义不大了。在这种情况下，讯号强 10 倍，我们只觉得强了一倍，白天的日光或夜晚的星光对我们的感官来说，只差十来倍而已。对刺激强度的对数来做出成正比的反应是一种非常合理的方式，有利于人类取得进化上的优势。

用数学捕捉行星

火箭理论的发明者齐奥尔科夫斯基有一句名言："地球是人类的摇篮，但人类不可能永远生活在摇篮里。"

随着文明的发展，人类逐渐把目光投向太空。

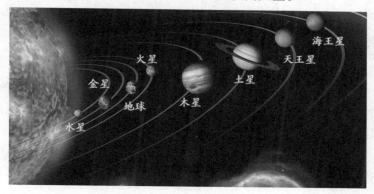

八大行星

在地球所处的太阳系中，人类共发现了八颗行星，依照离太阳的远近，依次为水星、金星、地球、火星、木星、土星、天王星、海王星。其中，水星、金星、火星、木星、土星，在地球上的人们光凭眼睛就能看到，因而在有史以前，人们就知道这 5 颗行星了。其余 3 颗，天王星、海王星、冥王星，要用望远镜才能看到。本文讲的就是如何发现它们的精彩故事。

1608 年，荷兰的一位眼镜师傅发现，利用两片透镜并调整透镜位置可以看清远方的景物，彷佛是把远方的景物拉到眼前来看一般，因而发明了望远镜。意大利的科学家伽利略听到了这个消息，如获至宝，马上自己动手制作了一部口径 42 mm 的望远镜。这部望远镜让他"大开眼界"，因为他惊讶地发现，月球表面有高山和无数的坑洞；金星也如月球般，有着盈亏的变化；而木星旁边竟然还有 4 颗小星星绕着木星公转；甚至太阳上有黑子！这些发现彻底地颠覆了传统的天文学观念。伽利略是有史以来使用望远镜观察天空的第一人，这部望远镜同时也开创了天文学的新纪元。

接下来望远镜的研制迅猛发展，折射望远镜、反射望远镜、折反射望远镜相继诞生。牛顿于 1668 年制作了世界上第一架反射式望远镜，现珍藏在皇家学会图书馆。

研磨望远镜数量最多的当属英国有"恒星之父"美称的天文学家赫歇耳，他早年是一个风琴师，但喜欢看天上的星星，所以他和妹妹一起研制了数百架望远镜。1781 年 3 月 13 日，他用自制的口径为 15 cm、能放大 227 倍的望远镜，观察星空，无意中发现了一颗不断移动的新星。起先，他以为看到的是一颗彗星，经过许多人推算，证明这颗星的轨道几乎是一个圆，才肯定它是绕着太阳转圈子的一颗行星，后来把它命名为天王星（古希腊神话中的天空之神）。

天王星是人类有历史记载以来发现的第一颗行星，它的发现引起了相当大的轰动。天文学家马上开始测量它穿越夜空的运动，因为一旦知道天王星环绕太阳需要多长时间，借助于开普勒的行星运动定律，就可以计算它到太阳的近似距离。他们发现，按当时的标准来说天王星几乎是难以想象的遥远（约 29 亿千米）。在这之前，人们只知天上有 5 颗行星，最远的是土星，距太阳约 14 亿千米，那是太阳系的疆界，所以土星也被称为"镇星"，镇守在太阳系的疆界。天王星的发现将太阳系的疆界拓展了一倍。

确定它的近似距离后，天文学家尝试计算它未来在夜空的位置。这可以利用牛顿运动定律、微积分和万有引力定律得到。由于有牛顿关于引力的理论，这些天文学家知道作用于天王星的力来源于太阳、土星和木星，因此他们可以计算这些力对天王星运动的作用。然而令人惊讶的是，他们测量的轨道运动竟然与计算结果不同。

对这种差异有各种解释。一种解释是测量不准确。但随着越来越多的测量数据的累积，这种猜想变得不再流行。另一个解释是牛顿运动定律可能不适用于距离地球很远的情况，很多人都不敢确定，在距离地球如此遥远的地方，牛顿定律是否还依然有效，可是除了天王星的反常运动以外，似乎没有别的什么证据说明在天王星附近这定律就不成立。难道是牛顿和其他人漏过了什么吗？

坚信牛顿运动定律是正确的人提出第三种解释：牛顿运动定律认为物体的运动规律取决于作用在其上的合力。也就是说，为了计算天王星的动量以及它的位置，必须知道所有作用于天王星上的力。如果存在一个未知的力作用于天王星，那就可以解释它的观测位置与预测位置间的差异。因此有人猜想，天王星轨道之外可能还存在一颗行星，它的引力作用使天王星的轨道运动受到干扰，也就是天文学上所谓的"摄动"影响。

新的行星如果存在，一定比天王星更远，从而更加暗淡，在茫茫的太空中，如果光靠望远镜盲目地搜寻，可能永远找不到它。因此有人想根据天王星的运行速度和轨道的改变，来推算这新行星的位置。

在19世纪中叶，虽然当时从已知的行星去计算它对另一个已知行星的影响是可以做到的，但计算十分困难，而要解决反其道而行之的问题，也就是从天王星已知的轨道偏差去反推一个在未知轨道上运行的未知行星，并且要求出它所在的位置、质量、距离，得应用许多复杂的物理和数学的公式，推算是一项更困难的事情，致使那时没有人敢进行尝试。

1843 年，英国剑桥大学里有位 24 岁的刚毕业的青年学生亚当斯勇敢地承担起了这个艰巨的任务，他是最早从事这颗未知行星轨道要素研究和计算的人。经过 1 年多的复杂计算，终于算出了天王星外的一颗未知行星的轨道要素、质量和位置。1845 年 9 月，亚当斯把结果交给了英国皇家天文台。不知什么缘故，皇家天文台把他的推算结果搁在一旁，没有按着他的指点去搜寻。

在同一时期，另有一位法国的年轻天文学家勒维耶也在独立地研究这个难题，他在亚当斯之后半年完成研究工作，计算出这颗行星的轨道、位置、大小，得出了与亚当斯非常接近的结果。1846 年 9 月 18 日，他把计算数据寄给了拥有大量星图的柏林天文台的天文学家伽勒，请求帮助寻找。他在写给伽勒的信中这样说："请您把你们的望远镜指向黄径 326° 处宝瓶座内的横道上的一点，您就将在离此约 1° 的区域发现了一个强而明显的新行星，它的亮度约 9 等……"。

勒维耶太幸运了。这封具有历史意义的信走了 5 天，就在 9 月 23 日这封信到达伽勒手上的当天晚上，这位德国天文学家就把望远镜对准宝瓶座勒维耶计算出的位置，认真进行搜索，只花了不到一个小时，就在离勒维耶预言的位置不到 1°（52'）的地方，发现了一颗星图上没有标记的略带淡绿色的 8 等星。第二天晚上他又继续观测，发现这颗小星在恒星之间步履迟缓地移动着，这表明它确实是颗行星，伽勒兴奋极了，9 月 25 日，他立即复信给巴黎的勒维耶，信中说："先生，你给我们指出位置的新行星是确实存在的。"这封信寄到巴黎时，勒维耶如耳闻惊雷，看到自己的预言如此迅速地变成现实，也激动万分，震惊不已。

海王星

　　这颗行星被天文学家称为"笔尖上发现的行星"，后来被命名为"海王星"（古罗马神话中的海神）。

　　海王星的发现轰动了整个世界，在当时这简直是个不可思议的奇迹，这是思维与计算的胜利，显示出牛顿的理论和方法的巨大威力。一位天文学家在巴黎凭数学计算预言出一颗新行星的位置，另一个天文学家在柏林操纵望远镜找到了它。巴黎天文台长阿喇戈说："天文学家有时偶尔碰到一个动点，在望远镜里发现一颗行星，可是勒维耶先生发现这个新的天体，都没有朝天一瞥，他在他的笔头的尖端便看到这颗行星了。只靠计算的力量，就决定了我们所知道的行星的疆界之处的一个天体的位置和大小，这是一个离太阳45亿千米的一个天体，在最大的望远镜里也看不出它的圆轮来。"海王星的发现，是牛顿运动定律和万有引力理论的伟大胜利，也是科学史上一个令人难以忘怀的业绩，是一个极其鼓舞人心的例子。恩格斯把它誉为"科学上的一个勋业"。

　　1915年，美国天文学家洛韦耳，用同样的方法算出了太阳系中更远的一颗行星——冥王星的存在。1930年，美国的汤波真的发现了这颗行星。

随着科学家对行星的定义以及对冥王星研究的深入，国际天文学联合会大会学术界在 2006 年投票决定，不再将传统 9 大行星之一的冥王星视为行星，而将其降级为"矮行星"。因此现在太阳系是八大行星。

　　另据英国《每日邮报》2018 年 5 月 19 日报道，科学家发现太阳系潜在着第 9 颗行星，目前，科学家表示现已发现证实太阳系第 9 颗行星存在的证据。

　　人类对太空的探索是永无止境的。

拓展思维解答

《天才建筑师——蜜蜂》拓展思维解答：

证明：当围绕一点拼在一起的几个多边形的内角加在一起恰好组成一个周角（360°）时，就能拼成一个平面图形。所以正多边形的每个内角必须是 360° 的约数，设多边形的边数为 n，于是：

$$360° \div \frac{(n-2) \times 180°}{n} = \frac{2n}{n-2} = 2 + \frac{4}{n-2} \text{ 必须为整数，即 } \frac{4}{n-2}$$

必须为整数，只有当 $n-2 = 1, 2, 4$ 时成立，所以 $n = 3, 4, 6$，所以只能用正三角形、正方形、正六边形才能铺满整个平面。

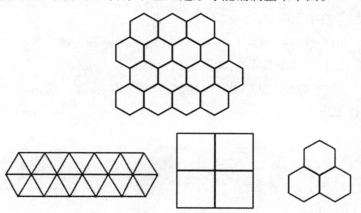

参考文献

[1] 谈祥柏. 故事中的数学 [M]. 北京：中国少年儿童出版社，2012.

[2] 赛奥妮·帕帕斯. 数学走遍天涯——发现数学无处不在 [M]. 蒋声，译. 上海：上海教育出版社，2006.

[3] 刘鹏. 生活中无处不在的数学原理 [M]. 北京：现代出版社，2012.

[4] 韩雪涛. 从惊讶到思考——数学的印迹 [M]. 长沙：湖南科学技术出版社，2007.

[5] 高希尧. 数海钩沉——世界数学名题选辑 [M]. 西安：陕西科学技术出版社，1982.

[6]《科学美国人》编辑部. 从惊讶到思考：数学悖论奇景 [M]. 北京：科学技术文献出版社，1982.

[7] 方均斌. 思想 故事 趣题 奇思 [M]. 成都：四川大学出版社，2010.